助力乡村振兴
出版计划

【现代农业科技与管理系列】

园林苗圃
工厂化育苗技术

主 编 刘西军

时代出版传媒股份有限公司
安徽科学技术出版社

图书在版编目(CIP)数据

园林苗圃工厂化育苗技术 / 刘西军主编. --合肥:安徽科学技术出版社,2023.12

助力乡村振兴出版计划.现代农业科技与管理系列

ISBN 978-7-5337-8626-7

Ⅰ.①园… Ⅱ.①刘… Ⅲ.①园林-苗木-工厂化育苗 Ⅳ.①S723.1

中国版本图书馆 CIP 数据核字(2022)第 222340 号

园林苗圃工厂化育苗技术　　　　　　　　　　　　　　　　主编　刘西军

出版人:王筱文　选题策划:丁凌云　蒋贤骏　余登兵　责任编辑:王　霄

责任校对:戚革惠　责任印制:梁东兵　　　　　　　　装帧设计:王　艳

出版发行:安徽科学技术出版社　　　　http://www.ahstp.net

(合肥市政务文化新区翡翠路 1118 号出版传媒广场,邮编:230071)

电话:(0551)63533330

印　　制:安徽联众印刷有限公司　　电话:(0551)65661327

(如发现印装质量问题,影响阅读,请与印刷厂商联系调换)

开本:720×1010　1/16　　印张:9.5　　字数:150 千

版次:2023 年 12 月第 1 版　　印次:2023 年 12 月第 1 次印刷

ISBN 978-7-5337-8626-7　　　　　　　　　　　　定价:43.00 元

出版说明

"助力乡村振兴出版计划"(以下简称"本计划")以习近平新时代中国特色社会主义思想为指导,是在全国脱贫攻坚目标任务完成并向全面推进乡村振兴转进的重要历史时刻,由中共安徽省委宣传部主持实施的一项重点出版项目。

本计划以服务区域乡村振兴事业为出版定位,围绕乡村产业振兴、人才振兴、文化振兴、生态振兴和组织振兴展开,由《现代种植业实用技术》《现代养殖业实用技术》《新型农民职业技能提升》《现代农业科技与管理》《现代乡村社会治理》五个子系列组成,主要内容涵盖特色养殖业和疾病防控技术、特色种植业及病虫害绿色防控技术、集体经济发展、休闲农业和乡村旅游融合发展、新型农业经营主体培育、农村环境生态化治理、农村基层党建等。选题组织力求满足乡村振兴实务需求,编写内容努力做到通俗易懂。

本计划的呈现形式是以图书为主的融媒体出版物。图书的主要读者对象是新型农民、县乡村基层干部、"三农"工作者。为扩大传播面、提高传播效率,与图书出版同步,配套制作了部分精品音视频,在每册图书封底放置二维码,供扫码使用,以适应广大农民朋友的移动阅读需求。

本计划的编写和出版,代表了当前农业科研成果转化和普及的新进展,凝聚了乡村社会治理研究者和实务者的集体智慧,在此谨向有关单位和个人致以衷心的感谢!

虽然我们始终秉持高水平策划、高质量编写的精品出版理念,但因水平所限仍会有诸多不足和错漏之处,敬请广大读者提出宝贵意见和建议,以便修订再版时改正。

本册编写说明

过去,园林苗圃育苗生产大多采用传统露地栽培模式,生产技术含量不高,而工厂化育苗生产是传统生产向现代化生产转变的一次革命,是传统农业技术与高新技术相结合的产物,在国际上是一项成熟的先进农业技术。它可以提高产品产出率、质量和档次,改善劳动环境,增加种植者和企业的收入。园林苗圃工厂化育苗可以迅速扩大园林植物新品种的群体,推动园林苗圃生产技术和管理水平的提高,创建高产、高效的生产模式。工厂化育苗兼具环保、节能优点,可带动其他产业快速发展,经济效益明显,是一项高投入高产出的阳光产业,具有良好的试验示范和辐射带动作用。我国于1996年在北京、上海、广州、杭州、沈阳实施了工厂化高效农业示范工程。

《园林苗圃工厂化育苗技术》以工厂化育苗工艺流程的实践为主线,采用总述和分述的方式,注重专业表达和通俗普及相结合,力求做到易懂、易学、易传播。本书系统介绍了工厂化育苗的基本知识、基本技能,该领域的先进设备与技术和具体案例,具体内容包括工厂化育苗的国内外发展现状、育苗基础知识、植物组织培养、工厂化育苗方式、工厂化育苗设施与设备、育苗基质与营养、育苗质量控制、园林植物工厂化育苗案例等,适合新型职业农民、县乡村基层干部、"三农"工作者使用。

作者

2022.10

目　录

第一章 绪 论

工厂化育苗是指在人工创造的优良环境中，采用规范化的技术措施以及机械化、自动化手段，快速、稳定地生产植物幼苗的一种育苗技术。工厂化育苗完善了植物繁殖、选育、改良的各种技术手段和技术措施，代表了育苗新技术的发展方向，是实现良种壮苗产业化的基础。开展工厂化育苗可以连续不断地培育成品或半成品苗木，把苗木生产工艺和操作流程工厂化，在有限的时间和空间里大规模、大批量、高质量地发展种苗生产，是当前实施种苗工程中的高科技手段和技术的集成，也是种苗生产走向现代化与产业化的一条有效途径。

▶ 第一节 工厂化育苗概述

一 工厂化育苗的优点

（1）用种量小，占地面积小。

（2）缩短出苗年龄，节省育苗时间。

（3）减少病虫害发生。

（4）提高育苗生产效率，降低成本。

（5）有利于企业化管理和快速推广新技术，做到周年连续生产。（图1-1）

1

图1-1 工厂化育苗设施

二 国外工厂化育苗的历史与发展特点

工厂化育苗在国际上是一项成熟的先进技术，是现代设施农业以及工厂化农业的重要组成部分。20世纪60年代，美国首先开始研究开发穴盘育苗技术，芬兰、瑞典、加拿大等林业发达国家相继开发了林木育苗容器生产工业化、容器育苗工厂化、容器苗造林机械化等新技术。20世纪70年代以后，工厂化容器苗生产技术在世界各地得到迅速推广。90年代以来，很多国家利用植物组培技术对林木优良无性系进行工厂化生产，如美国格林黑斯公司采用工厂化育苗从1982年以来每年都生产100万株以上的组培植株，新西兰用组培方法生产辐射松等造林树种；法国对葡萄进行组培工厂化繁殖，澳大利亚、印度尼西亚等对桉树等树种进行组培苗和容器苗工厂化生产。工厂化育苗技术和育苗设施、设备的研制与应用，带动了温室和穴盘制造、基质加工、精密播种设备制造、灌溉和施肥设备制造、苗木储运设备制造等相关产业的进步和快速发展。

三 国内工厂化育苗的发展特点

20世纪80年代初，北京、广州、台湾等地先后引进了蔬菜工厂化育苗设备，许多农业高等院校和科研院所开展了相关研究，对国外的工厂化育苗技术进行了全面消化吸收。从80年代后期开始，我国陆续引进国外林木工厂化育苗技术,先后实施了桉树、马尾松、杨树、泡桐等优良无性系或优良单株组培苗工厂化生产等研究项目,并在北京、广西、广东、海南等地建立了多个林木组培苗工厂,使桉树、杨树等木本植物先后进入了大规模工厂化生产。但是我国林木工厂化育苗也存在一些问题:地区间极不平衡,整体上发展速度相对缓慢;一些地区已建立的大量现代化育苗温室和组培苗生产设施闲置,浪费严重;工厂化育苗技术标准、操作管理规范不够完善;等等。

（四）国内工厂化育苗的突出问题

（1）育苗场以简易育苗设施为主,装备落后。从节能降耗的角度考虑,北方地区育苗场以节能日光温室为主,南方地区以塑料大棚为主,但过于考虑节能降耗导致装备落后,有些育苗场冬季无加温设施,有些育苗场无相关育苗配套装备,完全依赖人工操作。

（2）育苗场规划设计不科学。部分育苗场贪大求洋,没有充分发挥设施用途;部分育苗场没有储运等配套设施;部分育苗场育苗温室的规划完全照搬生产类温室。

（3）重硬件设施建设,轻软件系统管理。多数育苗场存在重视育苗温室硬件建设,而忽视与生产和经营有关的软件系统管理问题。种苗生产无法溯源,生产质量无法得到有效保障,完全依赖经验型的管理,物联网等信息化技术发展和使用严重滞后。

（4）部分育苗场周年运行率低,设施空置率高。育苗季节的限制,导致育苗设施的空置率问题,不同地区表现程度不同,南方地区的育苗设施空置率较高。

（5）对种传病害等苗期病虫害的控制不严格,存在病虫害扩散的风险。育苗设施、种子、育苗基质、人工操作等都有可能导致病虫害的发生蔓延,如果不严格控制,很容易导致种苗携带病虫害。

（6）育苗生产的标准化、信息化程度有待提升。

第二节 园林植物工厂化育苗

一 园林植物的概念与种类

园林植物是指适用于园林绿化的植物材料,包括木本和草本的观花、观叶或观果植物,以及适用于园林、绿地和风景名胜区的防护植物与经济植物。室内装饰用的植物也属于园林植物。

园林植物分为木本园林植物和草本园林植物两大类。木本园林植物包括针叶乔木(又称针叶树,树形挺拔秀丽,如雪松、金松等)、针叶灌木(松、柏、杉三种中一些有天然矮生习性的树,如桧柏属、侧柏属、紫杉属、松属等)、阔叶乔木(包括常绿阔叶树和落叶阔叶树,占园林植物中较大的比重,如广玉兰、杨、柳、榆、槐、蜡梅等)、阔叶灌木(植株较低矮,接近视平线,叶、花、果可供欣赏,使人感到亲切愉快,是增添园林美的主要树种,如榆叶梅、连翘、夹竹桃等)、阔叶藤本(攀附在墙壁、棚架或大树上的藤本植物,常用于园林攀缘绿化,如龟背竹、络石、凌霄花、爬山虎、紫藤等)。

草本园林植物主要包括草花和草皮植物。草花主要有一、二年生花卉,多年生花卉,球根类花卉。草花大部分用种子繁殖,春播后当年开花然后死亡的称为一年生草花,如矮牵牛等;秋播后次年开花然后死亡的称为二年生草花,如金盏菊等。这两类草花的整个生长发育期一般不超过12个月,合称一、二年生花卉。这类草花花朵鲜艳,装饰效果强,但生命短促,栽培管理费工。多年生花卉,又称宿根花卉,可以连续生长多年。冬季地上部枯萎,翌年春季继续抽芽生长。在温暖地带,有些品种终年不凋,或凋落后又很快发芽,如芍药、耧斗菜等。这一类草花花期较长,栽培管理省工,常用来布置花缘。宿根花卉地下部均有肥大的变态茎或变态根,形成块状、球状、鳞片状。栽种后,利用地下部贮存的养分开花结果,地下部又继续贮存养分供翌年生长,属于多年生宿根植物。球根类花卉种类繁多,花朵美丽,栽培比较省工,常混植在其他多年生花卉中,或散植在草地上,常见的如水仙、百合、唐菖蒲、大丽菊等。草皮植物,又称草坪植物。单子叶植物中禾本科、莎草科的许多植物,植株矮小,生长紧密,耐修剪,耐践踏,叶片呈绿色的季节较长,常用来覆盖地面。常见的有早熟禾属、结缕草属、剪股颖属、狗牙根属、野牛草属、羊茅属、苔草属的植物。经过人工选育,已经培育出几百个草皮植物品种,能适应园林中各种生长条件,如耐阴、耐旱、耐湿、耐石灰土、耐践踏等。因此,各种不良的环境都可以选到适合的草种。铺设草皮植物,可使园林不暴露土面,减少冲刷、尘埃和热辐射,增加空气湿度,降低温度,等等。双子叶草本植物中的某些种类,如百里香属、景天属、美女樱属、堇菜属的植物,也可以用来覆盖地面,起到水土保持和装饰作用,但这些植物不耐践踏,不耐修剪,所以又称地被植物。此外,草皮植物还包括蕨类、水生类、仙人掌多浆类、食虫类等植物种类。

二 园林植物工厂化育苗

园林植物工厂化育苗是近年来园林植物育苗中出现的新概念,就是在人工建造的设施(光、温、水、气可控制)内,进行园林植物育苗(成批量,自动化程度高)的生产方式。工厂化育苗技术关键在于改变了环境条件,使之更适于园林苗木的生长发育,大大提高了单位面积、单位时间内的产苗量和园林苗木的质量。园林植物工厂化育苗具有保护设施、创造异于露地的环境条件、生产手段先进、技术复杂、容器育苗比重较大、园林苗木质量高等特点。乌桕、三角梅、橡皮树、红枫、红豆杉、金叶复叶槭、丽格海棠、一串红、蝴蝶兰、切花菊、非洲菊、万寿菊、康乃馨、丝石竹、郁金香等园林树木花卉工厂化育苗相继实现,是花卉苗木生产现代化的重要标志。

园林植物工厂化育苗的作用具体体现在以下几个方面:

(一)能够迅速扩大园林植物新品种的群体

工厂化生产环境相对可控,不受季节和气候限制,可以减轻由于干

旱、冰雹、涝灾、低温等灾害性天气造成的损失,做到周年生产种苗,保证一个新品种引种成功后,能在较短的时间内迅速增加其群体数量,加速其产业化开发利用。

(二)推动园林苗圃生产技术和管理水平的提高

我国目前园林苗圃生产主要采用传统露地栽培模式,生产技术含量不高,工厂化育苗技术的出现将推动园林苗圃在设施建设、生产技术、栽培管理和营销策略等方面的发力、发展和改革。

(三)经济效益明显

园林苗木的工厂化生产经济效益明显,是高产、高效的生产模式,属于高投入、高产出的阳光产业。如江苏省农林学校投资近280万元建成的彩叶苗木种苗生产基地,其工厂化生产设施投资高达160万元,每年生产种苗超过300万株,年产值超过350万元。

(四)具有良好的试验示范和推广辐射作用

在当前我国园林苗圃生产技术还相对落后的形势下,园林苗圃的工厂化生产对苗木生产专业户和普通苗圃提高其生产技术无疑是一种很大的促进。因此,工厂化育苗具有良好的试验示范和推广、辐射、带动作用。

(五)环保、节能并带动其他产业快速发展

工厂化育苗大量采用的日光温室使我国北方地区花卉小苗不能生产的冬季变成了生产季节,可充分利用光能和土地资源。同时减少了由于温室加温造成的环境污染。园林花卉苗木的工厂化生产是高投入、高产出、劳动密集型产业,它涉及设施、环境、种苗、建材、农业生产资料等方面。以日光温室为例,一般设施结构建筑投资每亩(1亩≈666.67米^2)1.2万(竹木土墙结构)~10万元(钢架砖墙保温板结构),生产投资每年每亩需要0.5万~0.8万元。因此,如按现有日光温室700万亩计算,每年生产费用投入在400亿元以上,由此可带动建材、钢铁、塑料薄膜、肥料、农药、种苗、架材、环境控制设备、小型农业机械、保温材料等行业的发展。

第二章 ▶ 工厂化育苗基础知识

▶ 第一节 种实生产与播种育苗

一 种实

种实是用于苗木繁育的各种材料的总称，包括植物学上所称的由胚珠发育成的真正种子、由子房发育成的果实，以及能进行无性繁殖的园林树木的营养器官。播种育苗是利用种实作为材料进行育苗的方法。

二 种实类型

(一)干果类

干果类的树木果实成熟后,果皮干燥。

1.蒴果

由两个或两个以上的心皮组成,成熟时果实瓣裂或盖裂,种子散出,如柳树、黄杨、紫薇、油茶、乌桕等树种的果实。

2.荚果

豆科植物特有,由一个心皮发育而成,果实成熟后沿腹、背两条缝开裂,如刺槐、皂荚、相思树、合欢、紫穗槐等的果实。

3.蓇葖果

由一个心皮或离心心皮发育而成,成熟时沿腹缝线一边开裂,如白玉兰、梧桐、绣线菊、珍珠梅等的果实。

4.坚果

成熟时果皮木质化或革质化,通常一果含一粒种子,如板栗、山核桃等的果实。

5.颖果

果实含种子一枚,种皮与子房壁愈合,如毛竹等的果实。

6.瘦果

果实生在坛状花托内,或生在扁平而突起的花托上,如蔷薇、月季等的果实。

7.翅果

果实长成翅状,果实有翅,如榆、杜仲、白蜡等的果实。

8.聚合果

由多枚心皮集生于一个花托上形成,如马褂木的果实。

(二)肉质果类

肉质果类的树木果实成熟后,果皮肉质化。

1.浆果

果皮肉质或浆质并充满汁液,果实内含一枚或多枚种子,如猕猴桃、葡萄、金银花、女贞、樟树、银木、小檗等的果实。

2.核果

果皮分三层,通常外果皮呈皮状,中果皮肉质化,内果皮由石细胞组成,质地坚硬,包在外面,如榆叶梅、山桃、山杏、毛樱桃、山茱萸、黄檗等的果实。

3.梨果

属于假果,其果肉由花托和果皮共同发育而形成。通常情况下,花托膨大与外果皮和中果皮合成果肉,内果皮膜质或纸质状构成果心,如海棠、山楂、山荆子、银杏、紫杉等的果实。

(三)球果类

由裸子植物的雌球花受精后发育形成,种子着生在种鳞腹面聚成球果,如马尾松、湿地松、柳杉、柏树、黄山松等的果实。

三 种子成熟与脱落

(一)种子成熟

种子的成熟过程是胚和胚乳不断发育的过程。种子的成熟是指受精的卵细胞发育成具有胚根、胚芽、子叶、胚轴的种胚的过程。种子的成熟过程一般包括开花、授粉、受精、形成种子到生理成熟、形态成熟的过程。

受精卵发育成为种子，其间要经过一系列的生理生化作用，使内部营养物质不断积累，并逐渐转化为非溶解状态的干物质，这时种子的生理活动趋向缓慢，呼吸减弱，干物质充满内部种胚，具有了发芽能力。在物理性状和外观形态上，种子的成熟常表现为含水率减少，重量增加，种粒坚实饱满，种皮硬度加大，种皮内的叶绿素消失，呈现出各树种固有的颜色和光泽。因此，种子成熟分为两个时期。

1.生理成熟

种实发育到已具有发芽能力的时期，称为生理成熟期。其特点是种子含水率高，种子内含物处于易溶状态，种皮不致密，保护组织不健全，不耐贮藏，色青，发芽率低，一般不应在此时采种。但具有生理后熟作用的树种例外，如银杏、七叶树等。

2.形态成熟

种实外部形态完全呈现成熟特征即为形态成熟。

(1)生理上。内部营养物质积累结束，含水量降低，营养物质由易溶的果实转变为难溶的脂肪、蛋白质、淀粉等，种仁饱满。

(2)种皮。致密而坚实，抗害力强，并有一定的色泽，呼吸作用微弱，耐贮藏。

(3)外部形态。外部呈绿、青黄、黄褐或紫黑色等。

一般先生理成熟，后形态成熟。应在形态成熟期采集种子，生产上常依据果实外部形态确定采种期。如松、柏、槐等。少数树种，先形态成熟，后生理成熟，如银杏、冬青、白蜡、桂花等，称生理后熟现象，采后须用沙层积贮藏（催芽）才能发芽。一般树种采种需在形态成熟之后，对于生理

后熟的需行催芽处理。有些种子的生理成熟和形态成熟几乎是一致的，如杨、柳、榆等。

（二）种子脱落

多数树种的种子成熟后会逐渐从树上脱落。

1.脱落方式

针叶树球果类种实的脱落方式不尽相同:有的树种整个球果脱落，如红松;有的球果成熟，果鳞开裂，种子脱落，如云杉、樟子松、落叶松等;有的树种果鳞与种子一起脱落，如雪松、金钱松、冷杉等。

2.脱落期

种子的脱落期主要取决于树种生物学特性和环境条件。有的树种种子成熟后立即脱落，如杨、柳、榆、核桃、栎类、板栗等;有的树种则较长时间都不脱落，如刺槐、悬铃木、皂荚、国槐等。种子成熟后，在气温高、阳光足、风速大时脱落得早，在阴雨天、水分多、温度低的天气脱落得迟。一般树种，落果盛期落下的种子质量高，针叶树球果在落果后期落下的果实质量差。

四 种实采集

种实的采集是一项季节性很强的工作,要获得品质优良、数量充足的种子,必须预先选好母树,正确掌握树种的种实成熟和脱落规律,制订采种计划,做到适时采种。

（一）采种期

采种时间取决于种子成熟期、种子脱落期、脱落时间,及成熟时天气状况和土壤条件。采种期决定了种子质量:采种过早,种子未充分成熟,品质降低,机械损伤率高,苗木死亡率高;采种过迟,易飞散的种子难采集,不易飞散的种子会遭到鸟、虫等危害,质量降低。大部分树种以在脱落盛期采集为佳。

（二）采种方法

根据种粒特征、种实脱落特点、树高、采种机具来确定采种方法。

1.树上采种（上树采种）

使用工具直接在树上采集种实。适用的种实有：种粒很小，落地后不便收集的树种种实（侧柏）；脱落后易被风吹散的翅果、絮毛种实（杨、柳、泡桐、榆）；不易脱落或落果期长的树种种实。

2.地面收集

种子成熟后，自行脱落且不易被风吹失的大粒、中粒种子（栎、油茶、油桐等），通常采用清理地面或在地面铺上采种布的方式收集。

3.伐倒木采种

结合森林采伐作业，从伐倒木上采种，简单且成本低，同时可得到大量优质种子。

4.水面收集

适用于水边的杨、桤木等树种采种，采集后阴干。

5.洞穴收集

森林中，啮齿动物以针叶树种子为食，冬贮于穴，可等冬季在洞穴中收集。

五 种实调制

种实调制是指种实采集后，为了获得纯净而优质的种实并使其达到适于贮藏或播种的程度所进行的一系列处理措施。采集的种实中含有鳞片、果荚、果皮、果肉、果翅、枝叶、果柄等杂物，须经过及时的晾晒、脱粒、清除夹杂物、去翅、净种、分级、再干燥等处理工序，才能得到纯净的种实。采种后应尽快进行调制，以免种实发热发霉。种实调制方法如下：

（一）干果类的调制

干果类的种实调制的主要流程为干燥、脱粒、净种。

1.蒴果类调制

桉树、木荷、泡桐、香椿等含水量较低的蒴果调制，需将果实放在竹筛内晒或用木板挡围在布单上晒，搅动或敲打促脱粒，待蒴果开裂，收集并筛去杂质。

杨、柳等含水量高的蒴果调制需要及时干燥脱粒。先晒几小时,再摊放在通风室内阴干,码放不宜过厚(5~6厘米),及时翻动。

2.坚果类种实调制

坚果类种实的含水量较高,阳光曝晒易致其丧失发芽力,需要阴干。板栗、栎类等坚果,外有总苞,成熟后即自行脱落。采集时,常在果实成熟后未脱落前连总苞一起采集,阴干开裂后敲打脱粒。

3.翅果类种实调制

杜仲、榆树等树种的种子曝晒后易丧失发芽能力,阴干后去除混杂物即可。白蜡、水曲柳、臭椿、枫杨、槭类等树种的果实,采集后晒干去杂,不进行脱粒。为了便于贮藏和播种,也可去除果翅。

4.荚果类种实调制

荚果含水量多较低,采用阳干。采集后一般曝晒,不易裂开或果皮裂开后种子不能脱出的,可敲打或搓压荚果,再除去夹杂物。

(二)肉质果类的调制

肉质果的果皮多为肉质,含较多的果胶和糖类,易发酵、腐烂,采集后应及时调制。桑、山丁子等果实浸泡后用手挤或用棍搅拌,洗去果肉,将下沉的种子晾干过筛。女贞、桧柏等种实要擦破种皮,浸水洗净后晾晒。银杏、楠木类需将果实倒入木桶或缸中浸泡几日,待果肉软化,用棒捣碎果肉,取出种子,阴干或混沙埋藏。油桐、核桃等果实需要堆沤至果肉或果壳与种子分离后,取出种子,阴干。肉质果类种实不可曝晒。

(三)球果的调制

球果成熟后,逐渐失去水分,鳞片开裂,种子脱出,所以球果干燥是球果类种实调制的关键。

1.干燥

干燥分为自然干燥和人工干燥。自然干燥以日光下摊晒为主。在摊晒过程中要经常翻动,之后移入通风干燥的室内脱粒,需1~3周,甚至更长的时间。人工干燥是在干燥室,人工加温或减压干燥,可大大缩短干燥时间,一般几小时或2~3天。

2.净种

主要是去翅，可用链枷敲打或装在袋中揉搓。各针叶树种子大多有翅，去翅利于保存和播种。松属、云杉属、落叶松属等较易去翅；杉木、水杉、柳杉等种翅不易去除，在生产上可不去翅直接贮藏、播种。

六 种子贮藏

种子贮藏的目的是保持种子的发芽率，延长种子的寿命。种子寿命即是种子从完全成熟到丧失生命为止所经历的时间。种子寿命主要受种子自然寿命、种子含水量、种子成熟度和损伤状况、种子质量等内因以及温度、湿度、通气和生物等外因(环境因素)影响。种子自然寿命是自然条件下，种子生命力维持的时间，由种子内含物、种皮构造决定。种内含有淀粉多，寿命短；而含有脂肪、蛋白质多，则寿命长。种皮致密、坚硬，有蜡质，寿命长。根据种子寿命长短，将种子分为短寿命种子，保存期几天至2年，如银杏、栎类、栗等淀粉类种子，以及杨、柳、榆等成熟期早的种子；中寿命种子，保存期3~15年，如松、柏、杉等含脂肪、蛋白质较多的种子；长寿命种子，寿命在15年以上，如合欢、刺槐、皂荚等树种，种子含水量低，种皮致密，不透水、不透气。

种子贮藏过程中最主要的外部影响因素是温度、空气相对湿度、通气状况。这三个因素相互影响和制约，如贮藏环境温度较高，可通过降低种子含水量、控制氧气供应量来延长种子寿命。种子贮藏方法分为干藏和湿藏两大类。干藏法适用于含水量较低的种子，又可分为普通干藏和密封干藏两种；湿藏法则适用于含水量较高的种子。

七 种实品质

种实品质是指种实的遗传品质和播种品质，良好的遗传品质只有通过良好的播种品质才能实现。目前，遗传品质无法直接检测，但在播种品质检验前，必须明确种实的遗传品质，否则，任何检验都毫无意义。种子的品质物理指标有净度、千粒重、含水量、优良度等。种子品质检验的生

理指标有种子发芽率、种子发芽势、种子生活力、平均发芽时间等。播种品质指标标准应符合《林木种子质量分级》(GB 7908—1999)、《林木种子检验规程》(GB 2272—1999)。

八 播种育苗技术

(一)播前种子处理

1.种子催芽

是指通过人为措施打破种子休眠,促使其萌发并露出胚根的处理。通过催芽的种子,可使幼芽适时出土,出苗整齐,提高场圃发芽率,增强苗木抗性,提高苗木产量和质量。种子催芽方法主要包括层积催芽、水浸催芽、药剂催芽和新技术的应用等方面。

(1)层积催芽。在一定时间内把种子与湿润物混合或分层放置处理,促使其发芽的方法。

(2)水浸催芽。是对强迫休眠的种子最常用的催芽方法,目的是软化种皮,使种子吸水膨胀。

(3)药剂催芽。常用的化学药剂有碳酸氢钠、碳酸钙等,激素类物质主要是赤霉素。此外,还可利用微量元素、稀土浸种催芽,具有一定效果。不同树种浸种所需药剂的浓度和浸种时间不同,应予注意。

(4)新技术的应用。可采取物理方法进行催芽,如电磁波、超声技术、激光处理等,均可取得一定的效果。

2.种子消毒与防鸟兽害

种子消毒是消灭附着在种子上的病原微生物,常用灭菌剂拌种、化学药剂等浸种处理。许多针叶树的种子发芽后,幼苗带壳出土,易遭受鸟类啄食,需采取措施或专人看管,以防鸟害。栎实、板栗、核桃等大粒种子易被动物偷食,一般拌上煤油即可预防。

(二)播种前土壤处理

土壤处理的目的是消灭土壤中的病虫害及杂草。常用方法有高温处理和药剂处理两种。高温处理法包括焚烧和土壤消毒剂处理。药剂处理法应用普遍,常用的药剂有:硫酸亚铁($FeSO_4$),播种前用1%~3%的溶液喷洒苗床,既可杀菌又能改良碱性土壤,补充铁营养;五氯硝基苯(75%)加代森锌(25%)混合剂,用量4~6克/厘米²;其他杀菌剂及杀虫剂处理土壤,也可以消灭病菌与地下害虫。

(三)播种育苗技术(图2-1)

图2-1　播种育苗

1.播种期

播种期是指播种季节。就全国来说,一年四季均可播种。大多数树种适于春播,一般以3月至4月上旬为宜,在幼苗出土后不致遭受低温危害的前提下,越早越好。夏播,多用于夏季成熟的种子(杨、柳、榆、桑、桉等),可随采随播。秋播,多用于休眠期长的种子及种果皮坚硬的大中粒种子(山桃、山杏、白蜡、核桃、板栗、银杏、橡栎类等)。秋播时,休眠期长的种子应早播,强迫休眠的种子宜晚播。

2.播种方法

(1)条播。按一定行距,将种子均匀播在播种沟中,便于苗期管理,利于通风透光,苗木质量好,适于各种树种。

(2)点播。按一定株行距将种子播于苗床或垄内,适于大粒种子。

（3）撒播。将种子均匀撒于床面或垄面,适于小粒种子。

3.播种工序

（1）画线。播种前画线定出播种行的位置,便于抚育和起苗。

（2）开沟与播种。播种沟宽度一般为 2~5 厘米。开沟后应立即播种,播种时要使种子分布均匀。对极小粒种子（如杨、柳类）可不开沟,混砂直接撒播播种。侧柏、刺槐、松、海棠等中粒种子常用条播,播幅为 3~5 厘米,行距 20~25 厘米。板栗、银杏、核桃、杏、桃、油桐、七叶树等大粒种子需按一定的株行距逐粒将种子点播于床上。

（3）覆土。播后立即覆土用铁筛筛好的细土或黄心土、细沙、腐殖土等覆盖种子,覆盖均匀,覆土厚度为种子短轴直径的 2~3 倍。

（4）镇压。为使种子与土壤紧密结合,保持土壤中水分,于播种后用石磙（或木磙）轻压或轻踩一下,湿黏土则不必镇压。

（5）覆盖。使用稻草或树叶等材料覆盖床面,厚度以略见土壤为度。

（6）浇水。用水管接在自来水龙头上,均匀浇水或用洒水壶提水,第一次浇水务必要浇透,以后要保持苗床湿润。

▶ 第二节　无性繁殖育苗（扦插、嫁接、组培）

无性繁殖是利用树木的营养器官（如根、干、枝、叶和芽）或组织作为育苗材料进行育苗的方法。由此培育出的苗木,称为无性繁殖苗。无性繁殖是利用植物细胞的再生能力、分生能力和与另一株植物嫁接生长的亲和力进行育苗的方法。无性繁殖能够保持母本的优良性状,提早开花结实,适用于母树少、结实少、有性繁殖育苗困难的树种。但长期无性繁殖易出现早衰、退化现象。

一　扦插育苗

扦插育苗是在一定的条件下,将植物营养器官的一部分[如根、茎

(枝)、叶等]插入土、沙或其他基质中,培育成一个完整新植株的育苗方法。经过剪截用于扦插的材料称为插穗,用扦插繁殖所得的苗木称为扦插苗。

扦插繁殖方法简单,材料充足,可进行大量育苗和多季育苗,已经成为树木,特别是不结实或结实稀少名贵园林树种的主要繁殖手段之一。因插条脱离母体,必须给予适合的温度、湿度等环境条件才能成活,对一些要求较高的树种,还需采用必要的措施,如遮阴、喷雾、搭塑料棚等。因此,扦插繁殖要求管理精细,比较费工。

(一)扦插成活原理

扦插成活的关键取决于根的形成。扦插育苗以枝插应用较多,插穗上都带有芽,芽向上长成梢,基部分化产生根,从而形成完整的植株。根据插穗不定根发生的部位不同,可以分为三种生根类型(图2-2)。一是皮部生根类型,二是愈伤组织生根类型,三是介于两者之间的综合生根类型。

愈伤组织生根　　　皮部生根

图2-2　插穗生根类型

1.皮部生根类型

皮部生根类型即以皮部生根为主,从插条周身皮部的皮孔、节等处发出很多不定根。皮部生根数占总根量的70%以上,而愈伤组织生根较少,甚至没有,如红瑞木、金银花、柳树等。属于此种类型的插条都存在根原始体或根原基,位于髓射线的最宽处与形成层的交叉点上。这是由于形

成层进行细胞分裂,向外分化成钝圆锥形的根原始体,侵入韧皮部,通向皮孔,在根原始体向外发育过程中,与其相连髓射线也逐渐增粗,穿过木质部通向髓部,从髓细胞中取得营养物质。一般扦插成活容易、生根较快的树种,大多从皮孔和芽的周围生根。

2.愈伤组织生根类型

愈伤组织生根类型即以愈伤组织生根为主,从基部愈伤组织或从愈伤组织相邻近的茎节上发出不定根。愈伤组织生根数占总根量的70%以上,皮部根较少,甚至没有,如银杏、雪松、黑松、金钱松、悬铃木等。此种生根型的插条,其不定根的形成要通过愈伤组织的分化来完成。首先,在插穗下切口的表面形成半透明的具有明显细胞核的薄壁细胞群,即为初生的愈伤组织。初生愈伤组织的细胞继续分化,逐渐形成和插穗相应组织发生联系的木质部、韧皮部和形成层等组织。最后充分愈合,在适宜的温度、湿度条件下,从愈伤组织中分化出根。因为这种生根需要的时间长,生长缓慢,所以凡是扦插成活较难、生根较慢的树种,其生根部位大多是愈伤组织生根。

3.综合生根类型

综合生根类型即愈伤组织生根与皮部生根的数量大体相同,如杨树、葡萄、夹竹桃、金边女贞、石楠等。

(二)影响插穗生根的因素

1.影响插穗生根的内因

(1)树种的生物学特性。不同树种的生物学特性不同,因而它们的枝条生根能力也不一样。根据插条生根的难易程度可将树木分为四种。

①易生根的树种。如柳树、水杉、池杉、柳杉、连翘、小叶黄杨、月季、迎春、常春藤、南天竹、无花果、石榴、刺桐等。

②较易生根的树种。如侧柏、扁柏、花柏、罗汉松、槐、茶、茶花、樱桃、野蔷薇、杜鹃、珍珠梅、夹竹桃、柑橘、女贞、猕猴桃等。

③较难生根的树种。如金钱松、圆柏、龙柏、日本五针松、雪松、米兰、秋海棠、枣树、梧桐、苦楝、臭椿等。

④极难生根的树种。如黑松、马尾松、樟树、板栗、核桃、栎树、鹅掌楸、

柿树、南洋杉等。

不同树种生根难易只是相对而言的,随着科学研究的不断深入,难生根树种也能取得较高的成活率,并在生产中加以推广应用。如桉树以往扦插很难成活,20世纪80年代末改用组织培养苗作为采穗母株,并使用生根促进剂处理,许多桉树种扦插已不成问题。另外,同一树种的不同品种生根能力也不一样,如月季、杨树、茶花等。

(2)母树及插穗的年龄。采枝条母树的年龄和枝条(插穗)本身的年龄对扦插成活均有显著的影响,对较难生根和难生根树种而言,这种影响更大。

①母树年龄。年龄较大的母树细胞分生能力差,而且随着树龄的增加,枝条内所含的激素和养分发生变化,尤其是抑制物质的含量随着树龄的增长而增加,使得插穗的生根能力随着母树年龄的增长而降低,生长也较弱。因此,在选插穗时,应采自年幼的母树,最好选用一、二年生实生苗上的枝条。如湖北省潜江林业研究所对水杉的扦插试验表明,一年生母树上采集的插穗生根率为92%,二年生母树上采集的插穗生根率为66%,三年生母树上采集的插穗生根率为61%,四年生母树上采集的插穗生根率为42%,五年生母树上采集的插穗生根率为34%。母树年龄增大,插穗生根率降低。

②插穗年龄。插穗生根的能力也随其本身年龄的增加而降低,一般以一年生枝的再生能力最强,但具体年龄也因树种而异。例如,杨树类一年生枝条成活率高,二年生枝条成活率低,即使成活,苗木的生长也较差。水杉和柳杉一年生的枝条较好,基部也可稍带一段二年生枝段;而罗汉松带二、三年生的枝段生根率高。一般而言,慢生树种的插穗以带部分二、三年生枝段成活率较高。较难生根的树种和难生根树种以半年生或年龄更小的枝条扦插成活率较高。

另外,枝条粗细不同,贮藏营养物质的数量不同,粗插穗所含的营养物质多,对生根有利。故硬枝插穗的枝条,必须发育充实、粗壮、充分木质化、无病虫害。

(3)枝条的着生部位。树冠上的枝条生根率低,而树根和干基部萌发

枝的生根率高。因为母树根颈部位的一年生萌蘖条再生能力强,又因萌蘖条生长的部位靠近根系,得到了较多的营养物质,具有较高的可塑性,扦插后易于成活。干基萌发枝生根率虽高,但来源少。因此,从采穗圃采集插穗比较理想,如无采穗圃,可用插条苗、留根苗和插根苗的苗干。

另外,母树主干上的枝条生根力强,侧枝尤其是多次分枝的侧枝生根力弱。若从树冠上采条,则从树冠下部光照较弱的部位采条较好。在生产实践中,有些树种带一部分二年生枝,采用"踵状扦插法"或"带马蹄扦插法"常可以提高成活率。

硬枝插穗的枝条,必须发育充实、粗壮、充分木质化、无病虫害。粗插穗所含的营养物质多,对生根有利。插穗的适宜粗细因树种而异,多数针叶树种为 0.3~1 厘米,阔叶树种为 0.5~2 厘米。

(4)枝条的不同部位。同一枝条的不同部位根原基数量和贮存营养物质的数量不同,其插穗生根率、成活率和苗木生长量都有明显的差异。一般来说,常绿树种枝条中上部较好。这主要是因为枝条中上部生长健壮,代谢旺盛,营养充足,且中上部新生枝光合作用也强,对生根有利。落叶树种硬枝扦插枝条中下部较好。因枝条中下部发育充实,贮藏养分多,为生根提供了有利因素。若落叶树种嫩枝扦插,则中上部枝条较好。幼嫩的枝条的中上部内源生长素含量最高,而且细胞分生能力旺盛,对生根有利,如毛白杨嫩枝扦插梢部插穗最好。

(5)插穗的叶数和芽数。插穗上的芽是形成茎、干的基础。芽和叶能供给插穗生根所必需的营养物质和生长激素、维生素等,对生根有利。芽和叶对嫩枝扦插及针叶树种、常绿树种的扦插更为重要。插穗留叶多少要根据具体情况而定,从一片到数百片不等。若有喷雾装置,随时喷雾保湿,可多留叶片。

2.影响插穗生根的外因

影响插穗生根的外因有温度、湿度、光照和基质通气性等,各因子之间相互影响、相互制约,必须满足这些环境条件,以提高扦插成活率。

(1)温度。插穗生根的适宜温度因树种而异。多数树种生根的最适温度为 15~25 ℃,以 20 ℃最适宜。处于不同气候带的植物,其扦插的最适宜温度不同。美国学者认为温带植物在 20 ℃左右合适,热带植物在 23 ℃左右合适。苏联学者则认为温带植物为 20~25 ℃,热带植物为25~30 ℃。

土温和气温的适当温差利于插穗生根。一般土温高于气温 3~5 ℃时,对生根极为有利。在生产上可用马粪或电热线等材料增加地温,还可利用太阳光的热能进行倒插催根,提高插穗成活率。

温度对嫩枝扦插更为重要,30 ℃以下有利于枝条内部生根促进物质的利用,故对生根有利。但温度高于 30 ℃,会导致扦插失败。一般可采取喷雾或遮阴的方法降低温度。插穗活动的最佳时期,也是腐败菌猖獗的时期,所以在扦插时应特别注意采取防腐措施。

(2)湿度。在插穗生根过程中,空气的相对湿度、基质湿度以及插穗本身的含水量是扦插成活的关键,尤其是嫩枝扦插,应特别注意保持合适的湿度。

①空气的相对湿度。空气的相对湿度与扦插成活有密切的关系,尤其对难生根的针叶树种、阔叶树种影响更大。插穗所需的空气相对湿度一般为90%左右,硬枝扦插可稍低一些,但嫩枝扦插的空气相对湿度一定要控制在 90%以上,使枝条蒸腾强度最低。生产上可采用喷水、间隔控制喷雾、盖膜等方法提高空气的相对湿度,提高插穗生根率。

②基质湿度。插穗容易失去水分平衡,故要求基质有适宜的水分。基质湿度取决于扦插基质、扦插材料和管理技术水平等。据毛白杨扦插试验,基质中的含水量一般以 20%~25%为宜。毛白杨基质含水量为 23.1%时,成活率较含水量 10.7%的基质提高 34%。含水量低于 20%时,插条生根和成活都受到影响。有报道表明,插穗从扦插到愈伤组织产生和生根,各阶段对基质含水量要求不同,通常以前者为高,后两者依次降低,尤其是在完全生根后,应逐步减少水分的供应,以抑制插条地上部分的旺盛生长,增加新生枝的木质化程度,更好地适应移植后的田间环境。水分过多往往容易造成下切口腐烂,导致扦插失败,应引起重视。

(3)基质通气条件。插穗生根时需要氧气,通气情况良好的基质能满足插穗生根对氧气的需要,有利于生根成活。通气性差的基质或基质中水分过多,氧气供给不足,易造成插穗下切口腐烂,不利于生根成活。故

扦插基质要求疏松透气。

(4)光照。光照能促进插穗生根,对常绿树及嫩枝扦插是不可缺少的。但扦插过程中,强烈的光照又会使插穗干燥或被灼伤,降低成活率。在实际生产中,可采取喷水或适当遮阴、盖膜等措施来维持插穗水分平衡。夏季扦插时,最好的方法是应用全光照自动间歇喷雾法,既保证了供水,又不影响光照。

(三)扦插方法

根据繁殖材料的不同,植物扦插繁殖可分为枝插、根插、叶插、芽插、果实插等。园林苗木培育中,最常用的是枝插,其次是根插和叶插。

1.硬枝扦插

硬枝扦插是选取一、二年生落叶树种的苗壮、无病虫害的枝条,剪成长10厘米左右、3~4节的插穗,插入繁殖床,培育苗木的方法。

2.嫩枝扦插

又叫绿枝扦插、软枝扦插。它是利用半木质化的绿色枝条做插穗进行扦插育苗,因嫩枝中生长素含量高,组织幼嫩,分生组织活跃,顶芽和叶子有合成生长素与生根素的作用,可促进产生愈伤组织和生根,容易成活。嫩枝扦插一般在夏季进行,如金叶女贞、水杉、黄杨、龙柏、雪松、桧柏、紫叶小檗、刺槐、银杏等,都可以在夏季进行嫩枝扦插。但夏季气温高,光照强,温度和湿度不好掌握,若技术不到位,容易造成扦插育苗失败。因此,夏季嫩枝扦插育苗,应抓住技术要点。

二 嫁接育苗

嫁接(图2-3)是将一种植物的枝或芽接到另一种植物的茎(枝)或根上,使之愈合生长在一起,形成一个独立植株的繁殖方法。供嫁接用的枝、芽称接穗或接芽,承受接穗或接芽的植株(根株、根段或枝段)叫砧木。用一段枝条做接穗的称枝接,用芽做接穗的称芽接。通过嫁接繁殖所得的苗木称为嫁接苗。

嫁接繁殖除具有营养繁殖的特点外,通过嫁接还可利用砧木对接穗

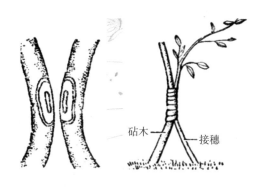

砧木———接穗

图2-3 嫁接育苗(靠接)

的生理影响提高嫁接苗的抗性,扩大栽培范围;可更换成年植株的品种和改变植株的雌雄性;可使一树多种、多头、多花,提高其观赏价值;也可利用芽变,通过嫁接培育新品种。一般砧木都具有较强的和广泛的适应能力,如抗旱、抗寒、抗涝、抗盐碱、抗病虫等,故能增加嫁接苗的抗性。如用海棠做苹果的砧木,可增加苹果的抗旱性和抗涝性,同时也可增加对黄叶病的抵抗能力;枫杨作为核桃的砧木,能增加核桃的耐涝性和耐瘠薄性。有些砧木能控制接穗长成植株的大小,使其乔化或矮化。如山桃、山杏是梅花、碧桃的乔化砧,寿星桃是桃和碧桃的矮化砧。一般乔化砧能推迟嫁接苗的开花、结果期,延长植株的寿命;矮化砧则能促进嫁接苗提前开花、结实,缩短植株的寿命。

嫁接后,砧木根系的生长依靠接穗所制造的养分,故接穗对砧木也会有一定的影响。例如,杜梨嫁接成梨后,其根系分布较浅,且易发生根蘖。

(一)嫁接成活的原理

树木嫁接能够成活,主要是依靠砧木和接穗结合部位伤口周围的细胞生长、分裂和形成层的再生能力。嫁接后首先是伤口附近的形成层薄壁细胞进行分裂,形成愈伤组织,逐渐填满接口缝隙,使接穗与砧木的新生细胞紧密相接,形成共同的形成层,向外产生韧皮部,向内产生木质部,长在一起。这样,由砧木根系从土壤中吸收水分和无机养分供给接穗,接穗的枝叶制造有机养料输送给砧木,二者结合形成了一个能够独立生长发育的新个体。由此可见,嫁接成活的关键是接穗和砧木二者形

成层的紧密接合,其接合面愈大,愈易成活。

(二)影响嫁接成活的因素

1.亲和力

亲和力是指砧木和接穗两者通过嫁接愈合生长的能力。一般地,亲和力大小取决于亲缘关系的远近,亲缘关系越近,亲和力越大,种内品种间嫁接亲和力最大。

2.砧、穗生活力

生活力系指砧木与接穗的输导组织的功能、组织的新鲜程度等。要求两者生长健壮,营养含量充足,形成层细胞分裂活跃,组织新鲜。

3.砧、穗生理特点

指砧木、接穗树种的根压、伤流和其内含物成分的差异程度。伤流比较严重,伤流液含有大量的单宁、多酚或脂类物质,接后易形成隔离层阻碍愈合,不易成活。砧木的根压高于接穗,有利于成活;春季嫁接时砧木萌动早于接穗,易成活;髓心过大,不易愈合,成活较难。

4.环境条件

包括温度、湿度、光照等。不同树种愈伤组织形成的适温不同,一般地,其最适温度为 20~25 ℃,相对湿度为 85%~90%。光照抑制愈伤组织形成,故嫁接部位套上黑塑料布可遮光、保湿,利于嫁接部位愈合生长。嫁接时应避开干燥、高温、大风等不良天气,以无风、多云或阴天嫁接较好。

此外,嫁接技术、操作的熟练程度、嫁接刀具的利钝等对嫁接成活率也有一定的影响。因此,要求技术熟练、刀具锋利、砧穗形成层对准、密接,并尽可能加大其接触面积,绑扎严实。

(三)嫁接方法

可分为枝接法和芽接法两类。

1.枝接法

用一段枝条做接穗的嫁接方法。枝接一般在树木休眠期进行,特别是在春季砧木树液开始流动,接穗尚未萌芽的时期最好。板栗、核桃、柿树等单宁多的树种,展叶后嫁接较好。枝接的优点是,嫁接后苗木生长快,健壮整齐,当年即可成苗,但需要的接穗数量大,可供嫁接时间较短。枝接常用的方法有切接、劈接、插皮接、舌接、腹接、靠接、贴接、髓心形成层对接、嫩枝接、根接等。

(1)切接。切接法一般用于直径在 2 厘米左右的小砧木,是枝接中最常用的一种方法。

(2)劈接。通常在砧木较粗、接穗较小时使用的一种嫁接方法。根接、高接换头和芽苗砧嫁接时均可使用此法。

(3)插皮接。是枝接中最易掌握、成活率最高、应用也较广泛的一种方法。要求在砧木较粗、容易剥皮的情况下采用。在园林树木培育中用此法高接和低接的都有,如龙爪槐的嫁接和花果类树木的高接换种等。

(4)舌接。舌接是砧木和接穗 1~2 厘米粗,且大小粗细差不多时使用的一种嫁接方法。舌接法所用砧木与接穗间接触面积大,结合牢固,成活率高,在苗木生产上用此法高接和低接的都有。

(5)插皮舌接。多用于树液流动、容易剥皮而又不适于劈接的树种的嫁接。

(6)腹接。又分普通腹接与皮下腹接两种,是在砧木腹部进行的枝接。常用于针叶树的繁殖,砧木不去头,或仅剪去顶梢,待成活后再剪去接口以上的砧木枝干。

2.芽接法

使用生长充实的当年生发育枝上的饱满芽做接芽,于春夏秋季皮层容易剥离时嫁接,以初夏为主要时期。根据取芽的形状和结合方式不同,芽接的具体方法有嵌芽接、"丁"字形芽接、块状芽接、套芽接等。

(1)嵌芽接。又叫带木质部芽接。此法不受树木离皮与否的限制,且嫁接后接合牢固,利于成活,已在生产实践中广泛应用。嵌芽接适用于大面积育苗。

(2)"丁"字形芽接。又叫盾状芽接、"T"字形芽接,是育苗中芽接最常用的方法。砧木一般选用一、二年生的小苗,砧木过大,不仅皮层过厚不便于操作,而且接后不易成活。

(3)块状芽接。又叫方块芽接。此法所用芽片与砧木形成层接触面大,

成活率高。

（4）套芽接。又称环状芽接。其接触面大，成活率高。主要用于皮部易剥离的树种，在春季树液流动后进行。

三 组培育苗

（一）植物组织培养的概念

植物组织培养（简称"组培"）是指在无菌和人工控制的环境条件下（图 2-4），在人工配制的培养基上，将植物体的一部分（器官、组织细胞或原生质体）进行离体培养，使其发育成完整植株的过程。由于组织培养是在脱离植物母体的条件下进行的，所以也称作离体培养。

图2-4　植物组织培养温室

（二）植物组织培养的发展趋势

目前，作为一种新兴技术，植物组织培养为其他相关学科的进一步研究与发展提供了更有效的途径。随着该技术的进一步发展，其将在工、农、医等各个领域展现其优势，不断渗入人们生活的各个领域。无论在理论上还是在实践应用上，植物组织培养无疑将会使植物器官、组织、细胞培养的技术与方法,无性系快速繁殖,无病毒苗生产,新品种的创造和培育,突变体的选择和利用,次级代谢物生产,以及人工种子技术更加成熟。但植物组织培养技术仍存在一些问题,如再生诱导率低、变异度高等,如何解决这些问题将成为今后研究的重心。但不可否认的是,植物组织培养必将成为今后生产中所使用的重要手段。

(三)植物组织培养的基本方法与技术

1.植物快繁技术

植物快繁是利用体外培养方式快速繁殖植物的技术,主要应用于采用其他方式不能繁殖,或繁殖效率低的植物的繁殖。为了保持某一品种的基因型稳定,避免在有性繁殖过程中发生变异,也采用植物快繁技术。快繁中利用的植物材料主要是茎尖、茎切段、叶片、胚等。快繁技术容易掌握,繁殖率高,但是植物组培快繁无论是在技术上还是在产业化方面都还存在一定的问题。首先,快繁技术的推广应用还存在着技术障碍。不同种类的植物通过组培再生植株难易程度差异很大,尽管许多植物都有组培成功的报道,但由于繁殖率低等问题,真正应用于大规模生产的并不多。总的来说,木本植物的组织培养难于草本植物,单子叶植物难于双子叶植物。对于一些木本植物而言,突出的问题是被培养材料的生根问题,而且植物组织培养技术的系统性不强,这方面的深入研究不足,阻碍了组培快繁技术的推广和应用。因此,需要针对不同类型的植物展开大规模的基础理论和应用基础研究,从植物细胞学、发育学、生理学角度探索外植体发育的调控机制,建立适合不同类型植物的组织培养快繁技术体系,并开发出专用于组织培养的、效率更高的植物生长激素或调节剂。其次,植物组织培养快繁技术成本较高,能源消耗较大,是阻碍其产业化的原因之一。出售价格如果过高,将影响快繁苗的使用;出售价格若过低,则快繁公司的利润空间变小。因此,设法降低生产成本,是植物组织培养技术产业化必须跨越的障碍。降低成本的途径主要有三个:一是完善现有的培养技术,减少污染和死株,提高繁殖率;二是优化培养基配方和环境控制,减少消耗;三是创立全新的成本低的快繁模式。突破固有的组培快繁模式,应该是未来组培技术发展的一个重要途径。一些小型的

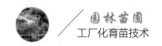

公司应注意向专业化方向发展，集中力量搞好一类或几类植物的快繁。因为不同植物的快繁需要的技术和管理是不同的，有的差异很大。再次，在组织培养快繁中发生变异，再生苗不整齐也是一个严重的问题。

2.植物脱毒技术

植物脱毒技术往往与植物组培快繁技术结合在一起应用。植物在发育过程中不可避免地会感染病毒，解决此问题的一个重要途径就是脱毒培养。在植物体内，病毒主要通过维管束组织进行运输和扩散，茎尖新生的分生组织，没有维管束分化，病毒难以到达，故病毒含量很低，甚至没有。所以采取茎尖培养可减少再生植株的病毒含量，连续进行几代培养，甚至可获得无病毒植株，使植物得以复壮。脱毒植株增加产量、提高品质的效应非常明显，有广阔的应用前景。然而，植物脱毒培养也存在一些技术上的问题。通常，取茎尖 0.2~0.5 毫米的分生组织进行脱毒培养，尽管有高倍显微镜帮助，操作也很不易。其次，把这样小的材料培养成再生植株也不是一件容易的事。此外，有些病毒能够侵入顶端分生组织，对此材料需要用高温处理等方法来杀死病毒，更增加了组织脱毒培养的难度。在脱毒培养过程中，病毒检测是一道不可缺少的程序，常用的方法有敏感植物法、抗血清法、PCR（聚合酶链式反应）法。每种方法都有其局限性，如敏感植物法需时间较长，PCR 法花费较多。随着植物组培脱毒产业化的兴起，需要做大量的病毒检测，所以开发出应用简便、用时少、价格低、适用于多种病毒检测的技术，具有重要意义。

3.植物器官和细胞生物反应器

植物的许多次生代谢产物是重要的制药原料和化工原料，有很高的经济价值，直接从植物中提取这些物质，需要破坏大量的植物，而且生产受季节限制。利用生物反应器培养植物器官或细胞来生产次生代谢物，是提高生产效率、增加产量的重要途径。许多植物次生代谢物的生物反应器生产技术正在向商品化发展。用于生物反应器的植物材料可以是细胞、组织、器官。在生物的器官中，不定根是许多次生物质合成的重要场所，但在生物反应器中利用不定根生产次生物质有很大难度。在生物反应器中影响不定根生长和生产效率的是搅拌速度和供氧数量，不定根在反应器中往往形成密度很大的团块,阻碍氧的进入。不定根生长需要大量的氧,但又对剪切力非常敏感,所以搅拌不能过快。因此,如何给不定根提供充足的氧,是生物反应器生产中的难题之一。

4.植物微繁殖技术与品种改良

(1)原生质体培养与基因工程育种。基因工程育种是将一种生物中决定某一性状的基因转移到另一种生物中,并使其表达的技术。在农业上,利用基因工程技术已创造出一些具有重大应用价值的品种,如延熟番茄、抗虫棉、抗除草剂大豆、玉米等。基因工程育种的最大优势是可跨越物种转移基因,从而赋予植物原来没有的遗传性状,并可大大缩短育种年限。在基因工程操作过程中,外源基因通过农杆菌介导,或通过基因枪、电刺激等方法导入受体植物细胞。当外源基因导入受体植物细胞后,基因工程育种能否成功就取决于能否把含有外源基因的细胞培养成再生植株。目前,外源基因的导入技术有了很大的进展,但是将植物微型材料,特别是将细胞或原生质体培养成再生植株的技术发展相对较慢,对于某些物种而言还无法做到,故阻碍了基因工程育种技术的应用。原生质体没有细胞壁,非常容易导入外源DNA(脱氧核糖核酸)。因此,各种植物的原生质体培养技术将是未来植物培养重点发展的领域之一。这个方面的重大突破或技术成熟,将会大大提高基因工程育种的成功率。

(2)体细胞克隆变异。前面所述的植物组培快繁、脱毒和原生质体培养都属于体细胞克隆。体细胞克隆的另外一种方式是先将外植体培养成称为愈伤组织的细胞团,再在适当条件下分化成植株。通过愈伤组织培养的再生植株很容易发生变异,如果在培养过程中人为增大选择压力,将有可能获得具有新性状的基因型。如用高温、低温、高盐或病菌毒素处理愈伤组织,从中筛选抗高温、低温、高盐或抗病的细胞系。体细胞克隆变异可为分子生物学研究和植物育种提供丰富的原始材料。

(3)单倍体育种。取未成熟的花药或花粉培养,很容易获得单倍的胚状体,然后用秋水仙碱等加倍剂处理胚状体,使染色体加倍,形成正常的二倍体。与一般二倍体不同的是,这样获得的二倍体基因型是纯合的。在自然界,自花授粉植物是纯系的,而异花授粉植物基因型是杂合的。要获

得异花授粉植物的纯系,至少需要自交 10 代。对于自花授粉植物,通过杂交方式导入新的基因后,利用花药或花粉进行单倍体培养,然后加倍,获得纯系,将大大缩短育种年限。同样,对于异花授粉植物,利用花药和花粉培养可缩短杂交后代的纯合时间,加快杂交育种的进度。然而,花药和花粉单倍体培养主要在自花授粉植物中获得成功,对于异花授粉植物还比较困难。花药和花粉单倍体培养的技术完善和突破,将会推动杂交育种的发展。

(4)原生质体融合。将植物细胞去细胞壁,就形成原生质体。在一定条件下原生质体间可发生融合。原生质体融合是不同基因型植物或不同物种间大量交流基因的一种重要方式,在育种上有重要的应用价值。利用原生质体融合可形成多倍体,进行多倍体育种;原生质体融合结合染色体操作技术,可对融合细胞内染色体进行重组,创造出具有新遗传性状的品种;原生质体融合也是克服杂交育种的远缘不亲和性的重要途径;利用原生质体融合技术,甚至可以创造出兼有两个物种特性的"超级植物"。因此,有理由相信,原生质体融合技术会越来越受到重视。

(5)种质资源保存。种质是指亲代通过生殖细胞或体细胞传递给子代的遗传物质。具有种质并能繁殖的生物体统称为种质资源或遗传资源。植物种质资源保存是利用天然或人工创造的适宜环境,使个体中所含的遗传物质保持其遗传完整性,有高的活力,能通过繁殖将其遗传特性传递下去。生命物质的保存,包括原核生物、植物、动物材料的保存。目前,保存植物种质资源的主要手段是建立田间种质基因库和种子库。但这种方法需大量的土地和人力资源,成本高,且易遭受各种自然灾害的侵袭,每年都有许多具有或可能具有育种价值的、能作为基因库的品系在消失,同时许多植物种质是不产生种子的,如脐橙、香蕉等,不能用种子进行贮藏。而且种子库仅能保存基因,不能保存特定的基因型材料。植物组织与细胞培养技术的发展,为人们寻求种质保存提供了新途径。组织培养技术在保存种质方面有许多优点:①高的增殖率;②无菌和无病虫环境,不受自然灾害的影响;③保存的材料体积小,占用空间不大;④相对较少的人力花费;⑤不存在田间活体保存存在的异花授粉、嫁接繁殖而导致的遗传蚀变现象;⑥有利于国际的种质交流及濒危物种的抢救和快繁。1975 年,亨肖和莫雷尔首次提出离体保存植物种质的策略,受到植物界的高度重视。1980 年,国际植物遗传资源委员会增加了对营养繁殖材料收集保存研究的支持力度,1982 年还专门成立了离体保存咨询委员会。随后,有关国际组织和许多国家相继建立了植物种质离体基因库,许多不能用常规方法保存的植物已采用这种方法得以保存。常用的离体保存方法有超低温保存、缓慢生长保存和愈伤组织干燥保存等。目前,运用组织培养技术保存种质已在 1 000 多种植物种和品种上得到应用,并取得很好的效果,但组织培养体的维持还有困难。在植物组织和细胞的培养过程中,不断的继代培养会引起染色体和基因型的变异,一方面可能导致培养细胞的全能性丧失,即分化形成新植株能力的丧失;另一方面,具有一些特殊性状的细胞株系,如具有某种特殊产物的细胞系及具有某种抗逆性的细胞系,也可能在继代培养中发生性状丢失。随着组织和细胞培养工作的迅速发展,具有特殊性状的细胞系日益增多,特别是细胞工程和基因工程的发展,需要收集和储存各种植物的基因型,使之不发生改变,所有这些都需要建立一种妥善的种质保存方法。

(四)植物组织培养在园林植物中的应用

1.优良种苗的快速繁殖

用组织培养的方法进行植物快速繁殖是生产上最有潜力的应用,此法适用的植物包括花卉和观赏植物,以及蔬菜果树、大田作物和其他经济作物。快繁技术不受季节等条件限制,生长周期短,且能使很难繁殖的植物快速增殖,加上培养材料和试管苗的小型化,可在有限的空间内培养出大量植株。因此,组织培养突出的优点是"快",利用这项技术可以使一个植株一年内繁殖出几万到几百万个植株。如一株兰花一年可繁殖400 万株,一株葡萄一年可繁殖 3 万多株,草莓的一个顶芽一年可繁殖108 个芽。这项技术对一些繁殖系数低、不能用种子繁殖的"名、优、特、新、奇"作物品种的繁殖更为重要。对于脱毒、新育、新引进、稀缺、优良单株、濒危等植物可以通过离体快繁技术,以比常规方法快数万倍甚至数百万倍的速度进行扩大增殖,及时提供大量的优质种苗。

2.无病毒苗的培养

几乎所有植物都遭受病毒病不同程度的危害，有的种类甚至同时受到数种病毒病的危害，尤其是很多靠无性繁殖的园艺植物，若感染病毒病，则代代相传，越染越重。自从莫雷尔1952年发现采用微茎尖培养的方法可得到无病毒苗后，脱毒工作引起了人们的高度重视。实验证明，感病植株并非每个部位都带有病毒，其茎尖生长点等尚未分化成维管束的部分，可能不带病毒或带病毒极少。若利用组织培养技术进行茎尖分生组织培养，再生的植株有可能不带病毒。经鉴定后，利用脱毒苗进行组培快繁，所得到的组培苗就不会或极少发生病毒病，从而获得脱毒苗。组织培养无病毒苗的方法已在很多作物的常规生产上得到应用，如马铃薯、甘薯、草莓、苹果、香石竹、菊花等。已有不少地区建立了无病毒苗的生产中心，对于无病毒苗的培养、鉴定繁殖、保存、利用和研究形成了一个规范的系统程序，从而保持了园艺植物的优良种性和经济性状。

3.在植物育种上的应用

植物组织培养技术为育种提供了许多方法，使育种工作在新的条件下能够更有效地进行。如用花药培养单倍体植株，用原生质体进行体细胞杂交和基因转移，用子房、胚和胚珠完成胚的试管发育和试管授精，保存种质资源，等等。

胚培养技术很早就被利用。在种属间远缘杂交的情况下，由于生理代谢等方面的原因，杂种胚常常停止发育，故不能得到杂种植物。通过胚培养则可以保证远缘杂交的顺利进行，胚培养技术在桃、橘、菜豆、南瓜、百合、鸢尾等许多农作物和园艺植物远缘杂交育种中都得到了应用。大白菜与甘蓝的远缘杂交种"白蓝"，就是通过杂种胚的培养而得到的。对于早期发青幼胚因太小而难培养的种类，还可采用胚珠和子房培养来获得成功。利用胚珠和子房培养也可进行试管授精，以克服柱头或花柱对受精的障碍，使花粉管直接进入胚珠而受精。

苹果、柑橘、葡萄、草莓、石刁柏、甜椒、甘蓝、天竺葵等20多种植物通过花药、花粉的培养得到了单倍体植株。在常规育种中，为得到纯系材料，要经多代自交，而单倍体育种可以经染色体加倍而迅速获得纯合的二倍体,大大缩短了育种的世代和年限。

利用组织培养可以进行突变体的筛选。突变体的产生因部位而异,茎尖的遗传性比较稳定,根、茎、叶,乃至愈伤组织和细胞培养的变异率则较大。培养基中的激素能够诱导变异,变异率因激素浓度不同而不同。此外,采用紫外线、X 射线、γ 射线对材料进行照射,也可以诱发突变的产生。在组织培养中,产生多倍体、混倍体的现象比较多,而产生的变异为育种提供了材料,可以根据需要进行筛选。利用组织培养,采用与微生物筛选相似的技术在细胞水平上进行突变体的筛选更富有成效。

原生质体培养和体细胞杂交技术的开发,在育种上展现了一幅崭新的蓝图。已有多种植物经原生质体培养得到再生植株,有些植物得到体细胞杂种,这在理论和实践上都有重要价值。随着研究的深入和工作水平的提高,原生质体培养将会在育种上产生深远的影响。

4.次生代谢物的生产

利用大规模培养的植物细胞或组织,可以高效生产人类需要的各种天然有机化合物,如蛋白质、脂肪、糖类、药物、香料、生物碱、天然色素和其他活性物质。因此,近年来这一领域引起了人们极大的兴趣和高度重视,国际上这方面的专利有 100 余项。如利用细胞培养生产蛋白质,将为饲料和食品工业提供广阔的发展前景;利用组织培养生产人工不能合成的药物或有效成分等的研究正在不断地深入;利用组织培养生产药用植物中的有效成分,如紫杉醇、人参皂苷、紫草宁、蒽醌、咖啡因等。

5.植物种质资源的离体保存

植物种质资源是农业生产的基础,而自然灾害、生物间竞争和人类活动等已造成相当数量的植物物种消失或濒临消失,特别是具有独特遗传性状的生物物种的绝迹,更是一种不可挽回的损失。常规的植物种质资源保存方法耗费人力、物力和土地,使得种质资源流失的情况时有发生。利用植物组织培养进行离体低温或冷冻保存,可大大节约人力、物力和土地,还可挽救濒危物种。同时,离体保存的植物材料不受病虫害侵染和季节限制,有利于种子资源在地区间及国家间交换。如草莓茎尖在 4 ℃黑暗条件下,茎培养物可以保持生活力达 6 年,其间只需每 3 个月加入一些新鲜培养基。

6.人工种子的制造

用人工种皮包被体细胞胚制造人工种子，为某些稀有和珍贵植物物种的繁殖提供了一种高效的手段。其意义在于：①人工种子结构完整，体积小，便于贮藏与运输，可用于直接播种和机械化操作；②不受季节和环境限制，胚状体数量多、繁殖快，有利于工厂化生产；③适用于繁殖生育周期长、自交不亲和、珍贵稀有的植物，也可用于大量繁殖无病毒材料；④可在人工种子中加入抗生素、菌肥、农药等成分，提高种子的活力和品质；⑤体细胞胚由无性繁殖体系产生，可以固定杂种优势。

7.工厂化育苗

近年来，组织培养育苗工厂化生产（图2-5）已成为一种新兴技术和生产手段，在园林植物的生产领域蓬勃发展。将脱离于完整植株的植物器官或细胞接种于不同的培养基上，在一定的温度、光照、湿度和pH条件下，利用细胞的全能性以及原有的遗传基础，促使细胞重新分裂、分化成新的组织、器官或不定芽，最后长成新植株。例如，非洲紫罗兰组织培养育苗的工厂化生产，就是取样品株一定部位的叶片为材料，消毒后切

图2-5 组培育苗工厂化生产

成一定大小的块,接种在适宜的培养基上,在培养室内培养,2个月左右在切口处产生不定芽。如此继续,即可获得批量的幼小植株。

组织培养工厂化育苗,是按一定工艺流程和规范化程序进行的。这种技术不但具有繁殖速度快、整齐一致、无虫少病、生长周期短、遗传性稳定等特点,而且还可以获得无性系,特别是对于一些繁殖系数低、杂合的材料,有性繁殖时优良性状易分离,或从杂合的遗传群体中筛选出的表现型优异的植株,工厂化育苗能够保持其优良遗传特性,具有重要的意义。另外,组织培养育苗的无毒化生产,还可减少病害传播,更符合国际植物检疫标准的要求。工厂化育苗扩大了产品的流通渠道,提高了产品的市场销售竞争力,同时可以减少气候条件对幼苗繁殖的影响,缓和淡、旺季的供需矛盾。

第三章

园林植物工厂化育苗基础设施

第一节　工厂化育苗设施

园林植物工厂化生产设施(图3-1)种类繁多,最主要的是保温设施、层架培育设施、播种催芽设施、自动肥水管理设施和遮阳降温设施等。

图3-1　工厂化育苗设施

一　保温设施

保温设施建立的主要目的是确保在工厂化生产车间内做到园林苗木(种苗)繁育的周年进行,最常见的保温设施是塑料大棚、玻璃温室、太阳能温室等。作为工厂化生产的温室,占地面积大,一般连栋数在3个以上。目前发达国家园林苗圃多采用连栋型温室育苗。

我国近年来许多地方进行了成套温室的引进，也出现了许多温室生产企业。与温室相比，塑料大棚因其结构简单，建造容易，投资较少，土地利用率高，操作方便，易被一般的园林苗圃所接受。

二 保温设施的建造（以三连体大棚为例）

1.选址
一般宜设置在背风向阳、水源充足的地方。

2.高度及大小
一般要求较高，侧立柱高度为 3.5~4 米，坡度为 20°~29°。

3.方向
南方地区以南北方向为宜，北方地区以东西向为宜，单体跨度 6~8 米。

4.温度调节
通气室内温度调节可依靠换气窗，换气窗有天窗、地窗和侧窗三种。

▶ 第二节　工厂化育苗设备

一 苗木繁殖厂房及设备

（一）组培工厂及配套设施
苗木组培育苗工厂一般由主厂房、营养土装杯车间、温室、炼苗场等部分组成，各部分面积决定于工厂的生产规模、具体生产树种的组培分化率、继代周期、生根率、诱导生根时间和移栽成活率等。主厂房是组培工厂的核心部分，由多个相对独立而又密切联系的工作间（图 3-2）组成，包括：办公室，用于玻璃器皿、用具、工作服等洗涤的洗涤间，配制和分装培养基的配药室和天平室，存放药品的药品房，用于培养基和衣物、用具等灭菌的消毒室，开展接种、培养物转移、试管苗继代等操作的接种室，

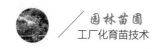
瓶苗培养和储存的培养室,等等。

培养基配制室

大小25米²,要求房间宽敞明亮、通风、干燥、清洁卫生,便于多人同时操作,配备电源、自来水和水槽、纯净水机。

灭菌室

面积20米²,必须设置换气窗或换气扇,以利通风换气,应配有高压灭菌锅、空调、冰箱、电热灭菌消毒器。

图3-2　组织培养实验室

(二)容器育苗工厂及配套设施

容器育苗工厂一般由容器苗生产作业部分和附属设施部分组成。作业部分就是育苗全过程所用的几个车间,附属设施由仓库、办公室和生活设施组成。

1.种子检验和处理车间

工作内容是对种子品质进行检验,筛选出符合育苗标准的种子,并对种子进行播种前处理。车间的设备设施主要有种子精选机、种子拌药机、种子裹衣机(又称包衣机)、种子数粒机、天平、干燥箱、发芽箱、冰箱、电炉与测定种子品质和发芽的小器具等。

2.装播作业车间

用于进行育苗容器与苗盘的组合、基质调配、容器装填基质、振实、冲穴、播种、覆土等作业。车间的设备设施主要有基质粉碎机、调配混合机、消毒设备、传送带、装播作业生产线、育苗盘、小推车等。

3.苗木培育车间

担负苗木生长阶段的管理任务,提供苗木生长所需全部环境条件,主要由温室、炼苗场构成。一般育苗工厂的苗木培育车间也可以是苗木后期的炼苗车间。如果温室是固定玻纹瓦类的育苗车间,育苗车间和炼苗车间则须分开设置。

4.苗木贮运车间

根据地区经济条件与气候环境的需要可选择设置,是用于暂时贮存容器苗并抑制其生长的车间。

5.附属设施

部分容器育苗工厂设有办公用房,农药、化肥、工具等贮藏室,育苗容器和育苗盘贮备库房,车库和生活区配套房屋建筑。这些建筑面积占育苗工厂总面积的 8%~10%。附属设施还应包括扦插床、种子催芽床、道路和水电设施等。

6.育苗温室

育苗温室是工厂化育苗的重要设施,苗木主要在温室中完成养育阶段。育苗温室应具有满足种苗生长发育所需要的温湿度、光照、水肥等环境条件,给苗木提供水和肥料,调节光照、温度、湿度,防治病虫害和进行间苗、补苗,并进行苗木质量检查和成品苗鉴定。

二 工厂化育苗温室的种类

用于工厂化育苗的温室主要有日光温室、塑料大棚和全光型连跨温室等类型。

(一)日光温室

日光温室(图3-3)适用于我国北方地区育苗,它完全以日光作为热源,通过良好的保温设施来创造适宜的温度环境。日光温室有坡式和拱圆式两种形式,其基本结构由两侧的山墙,加厚的后墙,用于保温的后屋顶,构成骨架的竹、木、混凝土中柱或钢架,以塑料薄膜或玻璃作为采光材料的前屋面及前屋面的夜间保温御寒设备等组成。日光温室结构简单、建造方便、造价低廉、保温蓄能的能力强、坚固耐用、生产成本较低,故在我国北方应用广泛。但日光温室也存在生产用地利用率低,温度不便于人为控制,受外界影响较大等问题。

图3-3 日光温室

(二)塑料大棚

属于季节性温室,呈拱形,通常以竹木、热镀锌薄壁钢管或普通镀锌钢管制成拱架,面上覆盖物为透明的聚氯乙烯塑料薄膜。一般塑料大棚的中高为 2.0~2.2 米,宽 10~20 米,长 50~100 米。在风害小或有防风措施的地方,采用钢骨架,可做成中高 5~8 米、面积 5 000~10 000 米²的大型大棚。塑料大棚的结构简单,建造容易,成本较低,土地利用率高。但也存在缺陷:塑料大棚受自然灾害的影响较大,易受风折、雪压等;无加温条件,北方冬季不能使用;在夏季降温过程中,塑料薄膜容易损坏。

(三)全光型连跨温室

这类温室是林木工厂化育苗生产的首选温室类型,这种温室将两栋以上的单栋温室在屋檐处连接起来,去掉侧墙,加上天沟而成。覆盖材料多为耐久性透明材料,通常内部设有增温、降温装置,有通风、光照、气肥、喷灌等设备,属于可实现环境自动控制的现代大型温室。总面积数万平方米,可以有较高的自动化程度。

全光型连跨温室按屋面特点主要分为屋脊形连接屋面温室和拱圆形连接屋面温室。屋脊形连接屋面温室主要以玻璃和塑料板材(PVC 板、FRA 板、PC 板等)作为透明覆盖材料,拱圆形连接屋面温室主要以塑料薄膜作为覆盖材料。

全光型连跨温室极大地增加了育苗空间与规模,便于育苗环境的自动化控制,在林木工厂化育苗的区域选择中得到广泛重视。但是这类温室投资较大,技术上还存在负载较高,排雪困难,必须强制机械通风换气和降温等问题。

第三节　工厂化育苗辅助设备

一　催芽室

催芽室是一种自动控温、控湿的育苗设施,专供种子催芽出苗,是工厂化育苗的必备条件。催芽室的面积依据育苗面积而定,我国北方多采用日光温室内设置催芽室,优点是节能、简易、成本低,缺点是容易出现高温烧苗现象,要采取遮阴通风措施,故催芽室多用于小规模专业化育苗。

二　电热温床

电热温床(图 3-4)的投资成本低、利用率高,可以按照育苗要求控制温度,提高苗木的质量,也是常用的设备之一。一般来说,电热温床主要由电加温线和控温仪构成。其中,电加温线能够将电能转化为热能,从而提高地表温度;控温仪是自动控温的仪器,能够节省 1/3 的耗电量,使温度不超过作物的适宜温度范围。

图3-4　电热温床

三　穴盘精量播种设备

穴盘精量播种设备是工厂化育苗的核心设备,以每小时 40~300 盘的

播种速度完成拌料、育苗基质装盘、刮平、打洞、精量播种、覆盖、喷淋全过程的生产流水线。使用穴盘(图3-5)精量播种设备,不仅节省劳动力、降低成本,而且能使种子出苗整齐,根系无损伤,有利于种植后机械化操作。

图3-5　育苗穴盘

（四）育苗环境自动控制系统

育苗环境自动控制系统是指育苗过程中的温度、湿度、光照等的环境控制系统。它主要包括加温设备、保温设备、降温排湿系统、补光系统和控制系统,能够让作物种子在适宜的环境下生长,育出壮苗。

（五）喷灌设备

喷灌设备可根据周围环境状况给种子提供水分,并兼顾营养液的补充和农药的喷施。可根据种苗的生长速度、叶片大小以及环境的温度、湿度等,对设备的供水量和喷淋时间进行调节,保证种苗健康生长。

（六）运苗车与育苗床架

运苗车包括穴盘转移车和成苗转移车,穴盘转移车可将完成播种的穴盘运往催芽室,成苗转移车可将苗木运送到大田。育苗床架(图3-6)有固定性床架、育苗框组合结构或移动式育苗床架,可以根据实际情况进行选择。

图3-6 育苗床架

第四节 工厂化育苗温室环境控制对策

一 加温系统

加温是冬季育苗和调控育苗环境的重要措施。加温设备与通风设备相结合(图 3-7),为育苗温室内种苗的生长发育创造适宜的温度和湿度条件,从而缩短种苗培育时间,获得长势均匀一致的优质种苗。

(一)热水加温

热水加温是用 60~85 ℃热水循环与空气进行热交换。热水加温系统由热水锅炉、供热管和散热设备三个基本部分组成,其工作过程是:用锅炉将水加热,然后由水泵加压,将热水通过供热管道供给温室内的散热设备,然后通过散热设备来散热,提高温室的温度,冷却的热水又回到锅炉再加热,重复循环。

图3-7　加温系统

(二)热风采暖

热风采暖是由热风直接加热空气，热风加温系统由热源、空气换热器、风机和送风管道组成，其工作过程是：由热源提供的热量加热空气换热器，用风机强迫温室内的部分空气流过空气换热器，这样不断循环进行温室加热。热风加温系统的热源可以是燃油、燃气、燃煤装置或电加热器，也可以是热水或蒸汽。

(三)电热采暖

电热采暖是用电热器直接加热空气或电热线加热苗床，其主要设备为电暖风机或电热线。

(四)天然气加温

荷兰的温室加热依赖天然气，其1.1万公顷温室所消耗的能源约占全国能源用量的6%，占全国天然气用量的12%。

二　降温系统

降温措施可从三个方面考虑：减少进入温室中的太阳辐射能，增大温室的潜热消耗，增大温室的通风换气量。

降温方法主要有湿帘降温、遮光降温、蒸发冷却和强制通风等方法。要求育苗温室要有遮阳网、湿帘、风机等设备。

第四章 园林植物工厂化育苗方式

工厂化播种育苗的方式有穴盘育苗、塑料钵育苗、营养钵育苗、纸钵育苗等。

▶ 第一节　穴盘育苗

穴盘育苗技术是采用草炭、蛭石等轻基质无土材料做育苗基质，机械化精量播种，一穴一粒，一次性成苗的现代化育苗技术，是工厂化专业育苗采用的最重要的栽培手段。（图4-1）

图4-1　穴盘育苗

一 基质准备及混合

好的基质应该具备以下几项特性:理想的水分容量;良好的排水能力和空气容量;容易再湿润;良好的孔隙度和均匀的孔隙分布;稳定的维管束结构,少粉尘;恰当的 pH,在 5.5~6.5;含有适当的养分,能够满足子叶展开前的养分需求;极低的盐分水平,EC(导电率)要小于 0.7(1:2 稀释法);基质颗粒的大小均匀一致;无植物病虫害和杂草;每一批基质的质量保持一致。

目前,育苗穴盘的常用基质材料为蛭石、草炭、珍珠岩等,较多采用的比例为:草炭:蛭石:珍珠岩=2:1:1,还应在基质中加入适量的无机肥和有机肥,一般每立方米基质中加入 2.6~3.1 千克氮、磷、钾复合肥(15:15:15)及 10~15 千克有机肥。泥炭由半分解的沼泽生植被制成,pH 为 3.8~4.5,质地细腻,透气性差,常与蛭石或珍珠岩混用。基质 pH 为 5.8~7.0。要增加泥炭基质的排水性和透气性,选择加入珍珠岩。相反,如果要增加持水力,可以加入一定量的小颗粒蛭石。

二 装盘

(一)穴盘准备

市场上穴盘(图 4-2)的种类比较多,且穴盘的种类与播种机的类型又有一定的关系,故穴盘应尽量选用市场上常见的类型,并且供应渠道要稳定。市场上一般有 28 穴、32 穴、50 穴、72 穴、128 穴、288 穴和 392 穴等类型。穴盘孔数的选用与所育的品种、计划培育成品苗的大小有关。一般培育大苗用孔数少的穴盘,培育小苗则用孔数多的穴盘。穴盘要放进稀释 100 倍的漂白粉溶液中浸泡 8~10 小时,才可取出晾干备用。

(二)装盘

准备好育苗穴盘基质,将配好的基质装在盘中。装盘时应注意不要用力压紧,因为压紧后基质的物理性状会受到破坏。正确方法是用刮板从穴盘的一方刮向另一方,使基质中空气含量和可吸收水的含量减少,使

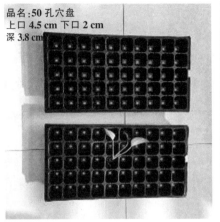

品名:50 孔穴盘
上口 4.5 cm 下口 2 cm
深 3.8 cm

品名:128 孔穴盘
上口 3 cm 下口 1.3 cm 深 4 cm

图4-2　育苗穴盘

每个穴盘都装满基质，尤其是穴盘边缘的孔穴一定要与中间的孔穴一样。基质不能装得过满,装盘后各个格室应能清晰可见。

三 催芽

催芽前要进行发芽试验,根据 GB/T 3543.4—1995 执行。种子采用次氯酸钠进行消毒的,可用 5%次氯酸钠浸泡 10 分钟,后用清水冲洗 4 遍;采用氯化汞消毒的,可用 0.1%氯化汞浸泡 5 分钟,后用清水冲洗 4 遍;采用热水消毒的,可用 55 ℃温水烫种。生产中,常采用两种方法结合进行消毒。温度在 20~30 ℃时,每天早、中、晚通风换气,防闷种,保持90%湿度,胚根在长 0.5 厘米左右时进行播种。

四 播种

穴盘育苗播种分为机械播种和手工播种两种方式,机械播种又分为全自动机械播种和半自动机械播种。全自动机械播种的作业程序包括装盘、压穴、播种、覆盖和喷水,在播种之前先调试好机器,并且进行保养,使各个工序运转正常,一穴一粒的准确率在 95%以上就可以收到较好的播种质量。手工播种和半自动机械播种的区别在于,播种时一种是手工

点籽,另一种是机械播种,其他工作都由手工作业完成。播种时,将种子点在压好穴的盘中,或用半自动播种机播种,每穴一粒,避免漏播。播种后用轻石覆盖穴盘,方法是将轻石倒在穴盘上,用刮板从穴盘的一方刮向另一方,去掉多余的覆盖物。覆盖物不要过厚,以与格室相平为宜。播种覆盖后的穴盘要及时浇水,浇水一定要浇透,目测时以穴盘底部的渗水口看到水滴为宜。

当前,有些穴盘播种由播种生产线(精量播种机)来完成。播种生产线由混料设备、填料设备、冲穴设备、播种设备、覆土设备和喷水设备组成。

五 温度控制

温度影响种子萌发、幼苗生长速度及株型;影响根系矿物养分吸收,基质温度大于 15 ℃时,磷、铁、氨根离子就不能被根系吸收;影响花芽分化质量与后期结果节位、畸形果发生率;影响幼苗蒸腾作用和水分蒸发。因此,要控制好育苗的温度。

六 营养液供给与管理

幼苗出土后应立即开始供应营养液,不可过迟。采用喷洒法供液,应在分苗前 15~20 天供液 3~4 次,以基质湿透无积液为准。供液要根据天气、温度、通风情况、基质干湿等,做到少施勤供,以防止沤根。在温度低、光照时间短时,应减少供液量。夏季育苗时,要适当增加施液次数。若装有自动供液设施,则可借助机械作用,使营养液在育苗床中徐徐循环流动。需要指出的是,在育苗过程中,循环利用的营养液养分被苗木吸收后,营养液部分离子浓度有所变化,故应及时调整营养液浓度与 pH。另外,随着苗木长大,营养液浓度亦应逐渐加大,以利培育壮苗。具体肥料种类及作用如下:

充足的钙能增加细胞壁厚度,使植株挺拔。基质中适当增加硝酸钙或叶面喷施氯化钙可有效防止番茄脐腐病的发生,促进甘蓝穴盘苗健壮生长。氮肥对幼苗生长量影响最大,NH_4^+-N 促进茎叶生长,NO_3^--N 促进根系生长。低浓度磷肥对幼苗根系发育有利,钾和硅有强化幼苗组织硬度、改善植株株冠、增强植株抗病能力的作用。

七 苗木管理

无土育苗时,苗期管理基本类似一般育苗技术。营养液浇灌式育苗期间保持基质含水量在 20%左右为宜。分苗前适当减少供液量,降低温度。定植前一周,应进一步减少供液量,逐渐加大通风量,降低苗床温度。在无土育苗中,苗木生长较快,易徒长,故苗期温度比一般育苗应低 2~3 ℃,且要经常通风换气,降低空气湿度,增加苗木光照时间与强度。

八 病虫害防治

苗期主要病害有猝倒病、立枯病、沤根及灼伤,主要是由于高温高湿、高温低湿,或光照不足、光照过强,防治措施如下:

每天通风换气,少施勤喷肥水,遇连续阴天减量,并增加光照时间。冬、夏季都应根据苗重确定是否喷肥水及喷量的大小。

当子叶展开时,喷杀菌剂(喷药前一天肥量加倍);每周一次喷大生 M-45 或扑海因,每 10 天一次喷其他药物,如百菌清 600 倍液和多菌灵。应定期对全棚喷洒杀虫剂+杀菌剂+硫酸铜药液(棚内消毒)。出圃前,用 0.4%普力克或百菌清+多菌灵蘸根。

▶ 第二节　水培育苗

水培(图4-3)是一种通过营养液进行植物种植的无土栽培技术,通常情况下,栽培时一部分根系裸露在空气中,另一部分根系生长在营养液中。

图4-3　水培育苗

一　营养液膜技术

营养液膜技术(NFT)是水培方法之一,其通过在培养床底部形成一层循环流动的营养液浅层,使得营养液中的营养物质被根系充分吸收利用,从而实现提高营养物质利用率、促进植物生长发育的目的。该技术造价低廉,易于实现生产管理自动化。

(一)NFT设施的结构

1.种植槽

种植槽根据种植的植物个体大小而异。对于大株型植物来说,长、宽、高分别为10~25米、25~30厘米、20厘米,所用材料为白面黑里、0.1~0.2毫米厚的聚乙烯薄膜。为了改善植物的吸水和通气状况,可在槽内底部铺垫一层无纺布。对于小株型植物来说,可用水泥或玻璃钢制成的波纹瓦作为槽底,宽度100~120厘米,深2.5~5.0厘米,槽长20米左右,坡降1:(70~100)。一般波纹瓦种植槽都架设在木架或金属架上,槽上加盖厚2厘米左右的有定植孔的硬泡沫塑料板,使其不透光。

2.贮液池

贮液池设于地面以下,可用砖头、水泥砌成,里外涂以防水材料,也可用塑料制品、水缸等容器。其容量因植物和栽培数量而异,大株型植物按3~5升/株、小株型植物按1.0~1.5升/株计算。通常情况下,贮液池容量越大,营养液越稳定,当然成本也随之增加。

3.营养液循环流动装置

该装置的作用在于使得营养液分流再返回贮液池中,以供再次使用。其通常包括水泵、管道及流量调节阀门等部分。

4.辅助设施

辅助设施主要用于控制营养液的供应时间、流量、电导率、pH 和液温等,包括相应的控制器。

(二)NFT 栽培技术要点

1.种植槽准备

种植槽要求平展、不渗漏,且需要进行必要的消毒处理。此外,种植槽放置时要保持一定的坡度,通常以 1/100~1/80 为宜,以便营养液能够循环流动。坡度过大则流速过快,影响根部对营养物质的吸收;坡度过小则流动不顺畅,也会造成营养物质利用率不高。

2.育苗与定植

大株型植物育苗时,通常采用固体基质或有多孔的塑料钵进行定植,以实现锚定植株的目的。另外,大株型植物定植时植株高度应当高于 25 厘米,以便茎叶能够伸至种植槽外。小株型植物育苗时,通常采用带孔育苗钵、海绵块、岩棉切块或者无纺布,密集育成 2~3 叶的苗,然后移入带板盖的定植孔中,定植后要使育苗条块触及槽底而幼叶伸至板面之上。

3.营养液管理

(1)营养液供应。由于 NFT 栽培技术对营养的需求量较小,为了让根系能够充分吸收营养液中的营养物质,需要进行科学合理的营养液管理,确保营养液浓度稳定、循环流动顺畅。根据栽培密度的不同以及种植槽长度的差异,可将供液方法分为连续供液法和间歇供液法两种。顾名思义,连续供液是指匀速向种植槽内供给营养液,流速以 2~4 升/分为宜;间歇供液是指供液一段时间,再停供一段时间,如此交替。通常情况下,在根垫形成之前应当采取连续供液方法,待根垫形成后则改为间隙供液方法,间歇时长应根据不同植株、不同季节进行设定。

(2)稳定根际温度。营养液温度变化会对根系生长产生影响,试验数

据显示,为了保持植物根系正常生长,应当确保营养液冬季温度高于 15 ℃,夏季温度低于 28 ℃。由于种植槽相对简易,故为了保持营养液温度相对稳定,NFT 系统需要配置相应的温度维持设备,以进行必要的增温、降温。如在种植槽上使用泡沫、塑料等能够起到稳定营养液温度的效果;另外,尽量将管道埋于地下,且贮液池建于室内,必要时通过增大供液量维持温度。

(3)pH 调整。相对稳定的 pH 对于植物生长来说十分重要,但随着植物生长,会引起营养液中的 pH 的变化,从而影响可溶性,对根系生长产生负面影响。因此,应当及时进行检测与调整,以确保 pH 的相对稳定。

二 深液流技术

深液流技术(DFT)是一种管理方便、性能稳定、设施耐用、高效的无土栽培技术类型。

(一)深液流特征

(1)栽培营养液水层较深,故营养液环境相对稳定,温度、浓度、pH 等变化较小,能够为植物生长提供较稳定的环境。

(2)采用 DFT 技术进行栽培,植株悬挂在营养液水平面上,植株的根颈离开液面,部分裸露于空气中,部分浸没于营养液中。

(3)营养液循环流动,增加溶氧量,消除根系有害代谢产物的积累,提高营养利用率。

(二)设施结构

DFT 由四部分组成,分别为种植槽、定植板、贮液池以及循环供回液系统。DFT 与 NFT 的最大区别在于营养液水层深度不同,DFT 的营养液水层深度在 5~10 厘米,植株根系可以完全浸入营养液。此外,DFT 的循环系统能够向营养液中补充氧气。该系统能较好地解决 NFT 装置在停电和水泵出现故障时造成的问题,营养液水层较深,可以维持栽培正常进行。

1.种植槽

可由水泥预制板或砖结构加塑料薄膜构成,一般宽度为40~90厘米,槽内深度为12~15厘米,槽长度为10~20厘米。

2.定植板

定植板用聚苯乙烯泡沫板制成,厚约3厘米,宽度与种植槽外沿宽度一致,以便架在种植槽壁上。在定植板上开定植孔,直径以5~6厘米为宜,每孔配套1个定植杯。定植杯直径与定植孔相同,高为7.5~8.0厘米,外沿有一个宽度为5毫米左右的唇边,以便卡在定植孔上。为了促进植株根系生长,在定植杯的下部开直径约3毫米的孔。通过多块定植板将种植槽全部盖住,从而形成悬杯定植板,随着植株的不断生长,其重量将不断增加,待定植板出现弯曲时,及时采用水泥墩等支撑物进行支撑,以免定植板塌陷折断,对植株生长造成影响。

3.贮液池

通常情况下,贮液池的容量根据植株数量来计算,大株型植物为15~20升/株,小株型植物3升/株即可,将溶液总量的1/2存于贮液池内,另外1/2存于种植槽内。一般1 000米²的温室需设20~30米³的地下贮液池,建筑材料应选用抗腐蚀的水泥为原料,池壁砌砖,池底为水泥混凝土结构,池面应有盖,保持池内黑暗以防藻类滋生。

4.营养液循环供回液系统

由管道、水泵及定时控制器等组成,所有管道均应用硬质塑料管制成。每1 000米²温室应用1台50毫米、22千瓦的自吸泵,并配以定时控制器,以按需控制水泵的工作时间。

(三)DFT栽培技术要点

1.种植槽处理

换茬栽培时,贮液池、种植槽、定植板以及循环供回液系统等均需进行彻底清洗和消毒处理。可采用含0.3%~0.5%有效氯的次氯酸钠或次氯酸钙溶液进行消毒,石砾和定植杯用消毒液浸泡1天,定植板、种植槽、贮液池、循环管道、池盖板等用消毒液湿润,并保持30分钟以上,消毒后

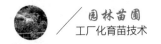
用清水冲洗干净待用。

2.栽培管理

幼苗定植初期,根系未伸至杯外,应提高液面使其距杯底 1~2 厘米,使根系与定植板底面有 3~4 厘米宽的空间, 既可保证幼苗吸水吸肥,又使之有良好的通气环境。当根系扩展伸出杯底进入营养液后,降低液面,使植株根颈露出液面,以解决通气问题。

三 浮板毛管栽培

浮板毛管栽培(FCH)相较于 NFT,其具备温度变化小、供氧量充足等优势,能为植株生长提供更好的生长环境。其装置主要包括四个部分,分别为贮液池、种植槽、循环系统和供液系统。FCH 与 NFT 的主要区别在于种植槽,FCH 的种植槽由多个凹形槽组成。每个凹形槽长 1 米,宽 40~50 厘米,高 10 厘米,多个凹形槽连接成为长 15~20 米的种植槽。为了避免营养液渗漏,需要在其内铺一层 0.8 毫米厚的薄膜,营养液的深度以 3~6 厘米为宜,其上漂浮着宽 10~20 厘米、厚 1.25 厘米的苯乙烯泡沫板,其上覆盖一层亲水性无纺布,利用其毛细管作用吸收营养液,使泡沫板始终保持湿润。定植板采用宽 40~50 厘米、厚 2.5 厘米的泡沫板制作而成,并加盖于种植槽上。在定植板上开两排定植孔,孔间距以 40 厘米×20 厘米为宜,孔直径应当与定植杯外径相同,苗木栽培到定植杯内之后,将定植杯放入定植孔内,此时正好将泡沫板夹在中间,从而使一部分根系伸到营养液中,另一部分伸到泡沫板上,同时吸收氧气。种植槽坡降以控制在 1:100 左右为宜,上端安装进水管,进水的同时补充营养液中的氧含量;下端安装排液装置,与贮液池相通。种植槽内营养液的深度通过垫板或液层控制装置来调节。一般在刚定植时,种植槽内营养液的深度保持在 6 厘米左右,定植杯的下半部浸入营养液内,以后随着植株生长,营养液深度逐渐下降到 3 厘米。该技术具有成本低、易推广、效益高的优点。

▶ **第三节　容器育苗**

容器育苗是利用各种能装营养土的容器培育苗木的技术。用容器培育的苗木称容器苗(图4-4)。容器育苗的优点:节省土地,便于工业化生产,缩短育苗期;避免了由起苗到栽植各环节中苗木损伤和失水,提高造林成活率,没有缓苗期;省种子;造林季节不受限制。但容器育苗也有不足之处,如苗木产量低。若使用小容器育苗,则苗木质量差,根系不发达;育苗成本高;对造林地整地、除草要求较高。

图4-4　容器苗

一　容器种类

育苗容器(图4-5)的形状、大小和制作材料多种多样。形状有六角形、四方形、圆形、圆锥形等,其中六角形和四方形最利于根系舒展。

制作容器的材料有塑料、竹篾、合成纤维、纸、黏土、泥炭等。

容器大小的选择依据苗木大小及容器成本而定,一般生产上多采用

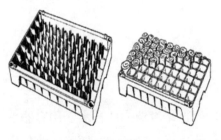

图4-5　育苗容器

小型容器,如容积为 40~60 厘米^3;培育较大规格的苗木应采用较大容器,容积在 100 厘米^{3}以上。常用的容器有营养砖、营养杯、营养袋、营养篮等。我国生产上使用较多的是塑料袋单体容器杯和蜂窝连体纸杯容器。

二 营养土的配制

营养土是装在容器里的基质,也称培养基,是容器育苗成功与否的关键。一般要求营养土具有较好的保水保肥能力和通透性,有适当的肥力,结构致密,质量小,无病虫草害。国外多采用泥炭和蛭石的混合物,按体积 1:1 或 3:2 的比例配制。我国各地多就地取材配制营养土,成本较低。如南方地区采用火烧土 30%~50%、黄心土 40%~60%、菌根土 10%~20%、过磷酸钙 3%配制,适用于马尾松、湿地松、黑荆树等。

容器育苗时,菌根菌难以传播,应进行人工接种,往往从同树种森林中林木根系周围取土或从同树种前茬苗床取土,拌入营养土或在播种后作为覆土材料。为防止病虫害,营养土应进行消毒。

三 装杯播种

容器内装营养土时,土面应比容器边缘低 1~2 厘米,防止灌水时营养土溢出容器。容器最好不接触地面,以防苗根穿出容器长入土中,难以形成发达的根团。

培育容器苗应使用良种,播前对种子进行消毒、催芽。于容器中央播种 2~3 粒,覆土厚度为种子短径的 1~3 倍,多用沙子、泥炭,也可用营养土。覆土后浇水,必要时加以覆盖以减少水分蒸发。

（四）苗期管理

灌溉是容器育苗成功与否的关键，要求适时适量。为促进苗木生长，适时、适量追肥，最好氮、磷、钾肥配合并与灌水同时进行，避免干施化肥。在生长期后期注意及时停施氮肥，停止灌水，促进苗木木质化。

幼苗出齐一周后，间除多余苗木，每个容器只留 1 株，同时加强病虫害防治。

容器育苗时，苗木易形成环绕根，定植后难以伸展，应采取措施加以克服。最有效的方法是制作容器时，在容器壁上留出边缝或在容器内壁上涂抹碳酸铜，防止形成环绕根。

▶ 第四节　扦插育苗

扦插育苗（图 4-6）是将离体的植物营养器官[如根、茎（枝）、叶等]的一部分，在一定的条件下插入土、沙或其他基质中，利用植物的再生能力，经过人工培育使之发育成一个完整新植株的繁殖方法。园林苗木繁殖中应用最普遍的是枝插，根插次之，而叶插多用在草本花卉繁殖中。扦

图4-6　扦插育苗

插繁殖的优点是成苗快,能够保持母本优良的性状;缺点是要求管理精细,比较费工。

一 扦插季节及准备

一般一年四季均可扦插,但以春插为主,可用移苗扦插机作业。(图4-7)

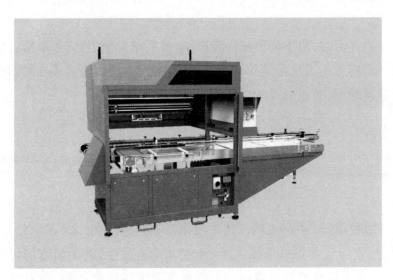

图4-7　移苗扦插机

(一)春季扦插

适宜大多数植物,利用前一年生休眠枝直接进行扦插或经冬季低温贮藏后进行扦插。春插宜早,关键是要提高地温。

(二)夏季扦插

利用当年旺盛生长的嫩枝(阔叶树)或半木质化枝条(针叶树)进行扦插。关键是提高空气的相对湿度,减少插穗叶面蒸腾强度,提高离体枝叶的存活率。

(三)秋季扦插

利用发育充实、营养物质丰富、生长已停止但未进入休眠期的枝条进行扦插。秋插宜早,以利物质转化完全,安全过冬。技术关键是采取相应措施提高地温。

(四)冬季扦插

利用打破休眠的休眠枝进行温床扦插。北方在塑料棚或温室内进行,在基质内铺上电热线,以提高扦插基质的温度;南方可直接在苗圃地扦插。

二 扦插育苗技术

植物扦插繁殖中,根据所用繁殖材料的不同,可分为枝插、根插、叶插、芽插、果实插等。园林苗木培育中,最常用的是枝插,其次是根插和叶插。

(一)插穗采集

1.硬枝扦插(休眠枝扦插)

硬枝扦插是利用已木质化(休眠)的枝条做插穗进行扦插。秋末冬初,在母株选采一、二年生健壮枝剪取、断条、贮藏。剪取时注意选无病虫害、无机械损伤、芽体饱满、组织充实的枝条;断条时,上剪口应距第一个芽0.3~0.5厘米,上剪口平,下剪口马蹄形,插穗(条)长15~20厘米;插穗(条)每20根一捆,贮藏于深、宽各1米的沟内,芽向上直立,用湿润细壤土埋,层间覆土5~6厘米,每隔2米插一树枝或草把通气。扦插苗床要深耕、整平。秋插随采随插,插入4/5条长,浇透水,覆土;春插于3—4月进行,插入2/3条长,斜向插入,入土一端朝南,地面一端朝北。灌足水,盖膜保湿,每5~7天灌水一次。

2.嫩枝(软枝)扦插

嫩枝扦插是在树木生长旺盛的雨季(6—7月),选当年生半木质化健壮枝,随采随插。插条长10~15厘米,留2片叶。插前整好苗床,灌足水,待水渗下后扦插。株行距5厘米×15厘米,深1/2~2/3穗,斜向45°插入。先用木橛做孔,再放插条摁实。插后要及时喷水。

3.叶插

叶插指用叶片繁殖新植株。叶插穗苗应带原芽基(发育成苗的地上部

分),使其落叶生根,如虎尾兰。

4.根插

根插是以植物根段作为插条的扦插方法。将粗 0.3~1.5 厘米的根剪成 5~15 厘米长作为插条,上口平剪,下口斜剪,直插于土中,扦插后发生不定根和芽。

(二)基质选择

选择通气良好的基质是使插穗成活的重要保证,不论使用什么样的基质,只要能满足插穗对基质水分和通气条件的要求,都有利于生根。目前所用的扦插基质有以下三种状态:

1.固态

生产上最常用的基质有河沙、蛭石、珍珠岩、石英砂、炉灰渣、泥炭土、苔藓、泡沫塑料等。这些基质的通气、排水性能良好,是良好的扦插基质。但反复使用后,颗粒往往破碎,粉末成分增加,故要定时更换新基质。一般的土壤也可作为扦插基质,但土壤的通气性、透水性较差,须掺入上述基质以改善通气条件。

2.液态

把插穗插于水或营养液中使其生根成活,称为液插。液插常用于易生根的树种。由于使用营养液作为基质,插穗易腐烂,一般情况下应慎用。

3.气态

把空气制成雾状,将插穗置于雾气中使其生根成活,称为雾插或气插。雾插只要控制好温度和空气相对湿度就可以进行,优点是能充分利用空间,快速插穗生根,缩短育苗周期。由于插穗在高温、高湿的条件下生根,炼苗就成为促使雾插成活的重要环节之一。

育苗生产中,应根据树种的要求,选择最适宜的基质。在露地进行扦插时,大面积更换基质土实际上是不可能的,故通常选用排水良好的砂质壤土。

(三)消毒处理

扦插育苗失败的一个很重要的原因是插穗下切口腐烂,必须采取综合措施加以预防。一是选择通气、透水性好的基质,二是做好基质和插穗的消毒工作，三是扦插后加强管理。对基质进行消毒，可在扦插前 1~2 天，用 0.5% 的高锰酸钾溶液或 2%~3% 的硫酸亚铁溶液加上稀释 800 倍的多菌灵溶液喷淋处理，并用塑料薄膜覆盖。对于下切口易腐烂的树种，对插穗也要进行消毒，方法是将插穗放到相同浓度的上述药物溶液中浸泡 10~20 分钟。

(四)催根处理

催根处理是提高扦插成活率的有效手段，对较难生根的树种和极难生根的树种尤显重要。易生根的树种和较易生根的树种可不催根，但插穗经催根处理后育苗效果会更好。

1.生长素及生根促进剂处理

(1)生长素处理。常用的生长素有萘乙酸(NAA)、吲哚乙酸(IAA)、吲哚丁酸(IBA)、2,4-D 等。使用方法：一是先用少量酒精溶解生长素，然后配制成不同浓度的药液浸泡插穗下端，药液深约 2 厘米。低浓度(50~200 毫克/升)溶液浸泡 6~24 小时，高浓度(500~1 000 毫克/升)溶液可进行快速处理(几秒钟到数分钟)。二是将溶解的生长素与滑石粉或木炭粉混合均匀，阴干后制成粉剂，用湿插穗下端蘸粉扦插；或将粉剂加水稀释调为糊剂，用插穗下端蘸糊；或将粉剂加水做成泥状，包裹插穗下端。处理时间与溶液的浓度随树种和插条种类的不同而异。一般生根较难的浓度要高些，生根较易的浓度要低些；硬枝浓度高些，嫩枝浓度低些。

(2)生根促进剂处理。目前使用较为广泛的有：中国林业科学研究院林业研究所王涛研制的 ABT 生根粉系列，华中农业大学林学系研制的广谱性植物生根剂 HL-43，昆明市园林所等研制的 3A 系列促根粉，等等。它们均能提高多种树木(如银杏、桂花、板栗、红枫、樱花、梅、落叶松等)的生根率，其生根率在 90% 以上，且根系发达，吸收根数量多。

2.洗脱处理

洗脱处理一般有温水洗脱处理、流水洗脱处理、酒精洗脱处理等。洗脱处理不仅能降低枝条内抑制物质的含量，同时还能增加枝条内水分的含量。

(1)温水洗脱处理。将插穗下端放入 30~35 ℃的温水中浸泡几小时或

更长时间,具体时间因树种而异。某些针叶树,如松树、落叶松、云杉等浸泡2小时,起脱脂作用,有利于切口愈合与生根。

（2）流水洗脱处理。将插条放入流动的水中浸泡数小时,具体时间也因树种不同而异。多数在24小时以内,也有的可达72小时,有的甚至更久。

（3）酒精洗脱处理。用酒精处理也可有效地降低插穗中的抑制物质含量,大大提高生根率。一般使用浓度为1%~3%的酒精,或者用1%的酒精和1%的乙醚混合液,浸泡时间6小时左右,此法适用于杜鹃类等树种。

3.营养处理

用维生素、糖类及其他氮素处理插条,也是促进生根的措施之一。如用5%~10%的蔗糖溶液处理雪松、龙柏、水杉等树种的插穗12~24小时,对促进生根效果很显著。若糖类与植物生长素并用,则效果更佳。在嫩枝扦插时,在其叶片上喷洒尿素,也是营养处理方法的一种。

4.化学药剂处理

有些化学药剂也能有效地促进插条生根,如醋酸、磷酸、高锰酸钾、硫酸锰、硫酸镁等。如生产中用0.1%的醋酸水溶液浸泡卫矛、丁香等插条,能显著地促进生根。再如用0.05%~0.1%的高锰酸钾溶液浸泡插穗12小时,除能促进生根外,还能抑制细菌发育,起消毒作用。

5.低温贮藏处理

将硬枝放入0~5℃的低温条件下冷藏一定时间(至少40天),可使枝条内的抑制物质转化,有利于生根。

6.增温处理

春天由于气温高于地温,在露地扦插时,插条往往先抽芽展叶,以致降低扦插成活率。因此,可采用在插床内铺设电热线或在插床内放入生马粪等措施来提高地温,促进生根。

7.黄化处理

在生长前用黑色的塑料袋将要作为插穗的枝条罩住,使其处在黑暗的条件下生长,形成较幼嫩的组织,待其枝叶长到一定程度后,剪下进行扦插,能为生根创造较有利的条件。

8.机械处理

在树木生长季节,将枝条基部环剥、刻伤或用铁丝、麻绳、尼龙绳等捆扎,阻止枝条上部的碳水化合物和生长素向下运输,使枝条内贮存丰富的养分。休眠期再将枝条剪下扦插,能显著地促进生根。另外,刻伤插穗基部的皮层也能促进生根。

(五)扦插

硬枝扦插春、秋两季均可进行,以春季扦插为主。春季扦插宜早,宜在树木萌芽前进行。秋季扦插应在秋梢停止生长后再进行,落叶树待叶落后进行扦插。嫩枝扦插在生长季节进行,又以夏初最适宜。

扦插前要整理好插床。露地扦插要细致整地,施足基肥,使土壤疏松,水分充足。扦插密度可根据树种生长快慢、苗木规格、土壤情况和使用的机具等确定。一般株距10~50厘米,行距20~30厘米。在温棚和繁殖室,一般先密集扦插,插穗生根发芽后再进行移植。插穗扦插根据角度分为直插和斜插两种,一般情况下多采用直插,斜插的扦插角度不应超过45°。插入深度应根据树种和环境而定,根插将根全插入地下;落叶树种插穗全插入地下,露出一个芽;常绿树种插入地下深度为插穗长度的1/3~1/2。扦插时,根据扦插基质、插穗状态和催根情况等,分别采用直接插入法、开缝插入法、锥孔插入法或开沟浅插封垄法将插穗插入基质中。

(六)插后管理

抓好扦插后管理是保证插穗成活的又一关键,嫩枝扦插尤其要细致管理。一般扦插后应立即灌一次透水,以后注意经常保持基质和空气的湿度。带叶插穗露地扦插要搭棚遮阴降温,同时每天喷水,以保持湿度。插条上若带有花芽应及早摘除。插条成活后,萌芽条长到5~10厘米时,选留一个粗壮的枝条,其余抹去。

为提高扦插育苗成活率,有条件的地方可采用全光雾扦插技术。在不遮光的条件下,采用自动间歇喷雾设备,维持较高的空气湿度,保持插穗水分。条件不具备的地方,可采用塑料棚插床,保持扦插小环境的空气湿度。

此外,嫩枝扦插、叶插或生根时间长的树种,扦插后必须注意防止插

穗发生腐烂。一方面,扦插基质必须排水良好,以免基质内积水造成插穗腐烂;另一方面,每半个月喷一次多菌灵 800 倍液,或喷 2%~3% 的硫酸亚铁溶液和 1% 的波尔多液,防止病菌滋生。

为了补充插穗所需要的养分,插穗生根前,每半个月叶面施肥一次,生根后通过土壤施肥补充养分。另外,根据插床和苗木生长情况,必要时进行松土、除草和病虫防治。

▶ 第五节　嫁接育苗

嫁接育苗(图 4-8)是把具有优良性状的树木枝条或芽(称"接穗")接到另一具有不同遗传特性的植株或接穗(称"砧木")上,使其愈合生长形成一株完整植株的育苗方法。

图4-8　嫁接育苗

一　嫁接育苗技术

(一)砧木培育

1.选择砧木

选择性状优异的砧木是培育优良园林树木的重要环节。选择砧木的条件:①与接穗亲合力强;②对接穗的生长和开花有良好的影响,并且生长健壮、丰产、花艳、寿命长;③适应栽培地区的环境条件;④材料来源丰富,容易繁殖;⑤对病虫害抵抗力强。

2.培育砧木

砧木一般用播种繁殖,播种繁殖困难的采用扦插繁殖。砧木选定后,提前0.5~3年播种育苗或扦插育苗。培育过程中,除常规的管理措施外,还应通过摘心等措施,促进砧木苗地径增粗。同时及早摘除嫁接部位的分枝,以便于嫁接操作。嫁接用砧木苗的粗细一般为嫁接部位直径1~2.5厘米,培育时间因树、因地、因需而定。

(二)接穗采集和贮藏

选择优良成熟母树,采集树冠外围发育充实的一、二年生枝条。枝接的接穗,落叶树种在落叶后至发芽前采集,针叶树种在春季母树萌动前采集,采后应妥善保存,可室外窖藏或封蜡低温贮藏(0~5 ℃)。芽接的接穗最好随采随接。

(三)嫁接时期

一般情况下,春季进行枝接,夏秋季进行芽接。近年来,相继出现了春季带木质部芽接、夏季绿枝芽接等新方法。

(四)嫁接前准备工作

贮藏的接穗在使用前可通过颜色、气味、饱满程度等的检查,判断接穗的生活力。同时,提前1~2天将接穗移到5~10 ℃的环境下,促进养分流动,使接穗活化。接穗做浸水处理,使其充分吸水,脱除抑制物,利于嫁接成活。

(五)嫁接

嫁接方法可分为枝接和芽接两类。

1.枝接法

枝接法是将枝条的部分作为接穗进行嫁接的方法。常用的包括切接、劈接、插皮接、舌接、腹接、靠接、贴接、髓心形成层对接、嫩枝接、根接等。

(1)切接(图4-9)。嫁接时,先将砧木在距地面5厘米左右处剪断、削

平,选择较平滑的一面,用嫁接刀在砧木一侧木质部与皮层之间(也可略带木质部)垂直向下切,切口深2~3厘米。削接穗时,接穗上要保留2~3个完整饱满的芽,用嫁接刀从接穗上离切口最近的芽位背面向内切达木质部(不超过髓心),随即向下平行切削到底,切面长2~3厘米,再于背面末端削成宽0.8~1厘米的小斜面。将接穗的长削面向里插入砧木切口,使双方形成层对准密接。如果砧木切口过宽,可只对准一侧的形成层。接穗插入的深度以接穗削面上端露出0.2~0.3厘米长为宜(俗称"露白"),这样有利于接穗与砧木愈合成活。插入后,用塑料条由下而上捆扎紧密,使形成层密接和接口湿润。嫁接后,为保持接口和接穗的湿度,防止失水干枯,还可采用套袋、封土、涂接蜡或用绑带包扎接穗等措施,减少水分蒸发,达到提高成活率的目的。

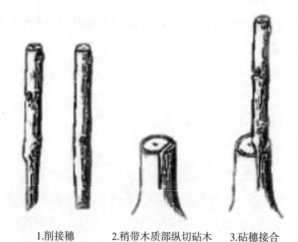

1.削接穗   2.稍带木质部纵切砧木   3.砧穗接合

图4-9　切接

(2)劈接(图4-10)。嫁接时,将砧木在离地面5~10厘米处或树冠大枝的适当部位锯断,用嫁接刀从其横断面的中心直向下劈,切口长约3厘米。接穗削成楔形,削面长约3厘米,接穗要削成一侧薄、一侧稍厚。削接穗时先截断下端,削好削面后再在饱满芽上方约1厘米处截断,这样容易操作。

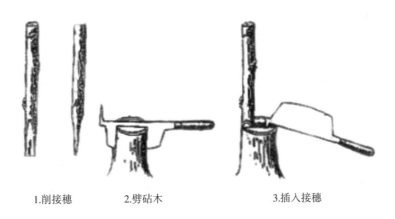

1.削接穗 2.劈砧木   3.插入接穗

图4-10 劈接

（3）插皮接（图4-11）。如果砧木较粗，可同时接上3~4个接穗。一般在距地面5~8厘米处或树冠大枝的适当部位断砧，削平断面，选平滑处，将砧木皮层划一纵切口，深达木质部，长度为接穗长度的1/2~2/3，顺手用刀尖向左右挑开皮层。接穗削成长2~3厘米的单斜面，削面要平直并超过髓心，背面末端削成宽0.5~0.8厘米的一小斜面或在背面的两侧再各微微削一刀。嫁接时，把接穗从砧木切口沿木质部与韧皮部中间插入，长削面朝向木质部，并使接穗背面对准砧木切口正中，接穗上端注意"露白"。如果砧木较粗或皮层韧性较好，可直接将削好的接穗插入皮层。插

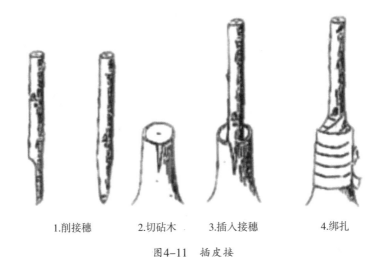

1.削接穗 2.切砧木 3.插入接穗 4.绑扎

图4-11 插皮接

入后,用塑料条由下向上捆扎紧密,使形成层密接和接口湿润。嫁接后,同样可采用套袋、封土、涂接蜡或用绑带包扎接穗等措施防止失水干枯。

(4)舌接(图4-12)。将砧木上端由下向上削成3厘米长的削面,再在削面由上往下1/3处切长1厘米左右的纵切口,呈舌状。在接穗下端平滑处由上向下削3厘米长的斜削面,再在斜面由下往上1/3处同样切长1厘米左右的纵切口,和砧木斜面部位纵切口相对应。将接穗的内舌(短舌)插入砧木的纵切口内,使彼此的舌部交叉起来,互相插紧,然后绑扎。

(5)插皮舌接(图4-13)。将砧木在离地面5~10厘米处锯断,选砧木平直部位,削去粗老皮,露出嫩皮(韧皮)。将接穗削成5~7厘米长的单面马耳形,捏开削面皮层。将接穗的木质部轻轻插于砧木的木质部与韧皮部之间,插至微露接穗削面,然后绑扎。

(6)腹接。腹接,顾名思义就是在砧木腹部进行的枝接,又分为普通腹接和皮下腹接。

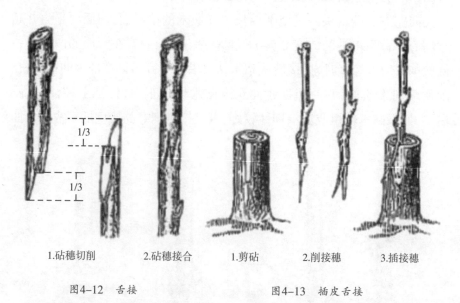

1.砧穗切削　　2.砧穗接合　　1.剪砧　　2.削接穗　　3.插接穗

图4-12　舌接　　　　　　图4-13　插皮舌接

①普通腹接(图4-14)。接穗削成偏楔形,长削面长3厘米左右,削面要平而渐斜,背面削成长2.5厘米左右的短削面。在砧木适当的高度,选择平滑的一面,自上而下斜切一口,切口深入木质部,但切口下端不宜超

过髓心,切口长度与接穗长削面相当。将接穗长削面朝里插入切口时,注意形成层对齐,接后绑扎保湿。

②皮下腹接(图4-15)。皮下腹接即砧木切口不伤及木质部,将砧木横切一刀,再竖切一刀,切口呈"T"字形。接穗长削面平直斜削,在背面下部的两侧向尖端各削一刀,以露白为度。撬开皮层插入接穗,绑扎。

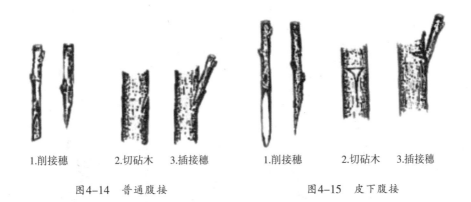

1.削接穗   2.切砧木   3.插接穗   1.削接穗   2.切砧木   3.插接穗

图4-14 普通腹接   图4-15 皮下腹接

2.芽接法

芽接法使用的接穗是芽片,主要方法有嵌芽接、"丁"字形芽接、方块芽接、套芽接等。

(1)嵌芽接(图4-16)。切削芽片时,自上而下切取,在芽的上部1~1.5厘米处稍带木质部往下斜切一刀,再在芽的下部3~5厘米处横向斜切一刀,即可取下芽片,一般芽片长2~3厘米,宽度依接穗粗度而定。砧木切削方法与切削芽片相同。在选好的部位自上向下稍带木质部削一个长宽与芽片相等的切面,并将此树皮的上部切去,下部留0.5厘米左右的长度。将芽片插入砧木切口,使两者形成层对齐,用塑料带绑扎好。

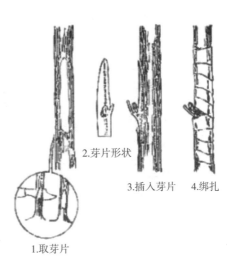

2.芽片形状

3.插入芽片   4.绑扎

1.取芽片

图4-16 嵌芽接

（2）"丁"字形芽接（图4-17）。砧木一般选用一、二年生的小苗，砧木过大，不仅皮层过厚不便于操作，而且接后不易成活。削芽片时，先从芽上方1厘米左右横切一刀，切断皮层，再从芽下方1.5厘米左右连同木质部向上斜削到横切口处取下芽片，芽片一般不带木质部。砧木的切法是：在距地面5厘米左右，选光滑无疤部位横切一刀，切断皮层，然后从横切口中央向下竖切一刀，使切口呈"丁"字形。用刀将"丁"字形切口交叉处挑开，把芽片往下插入，使芽片上边与"丁"字形切口的横切口对齐。芽片插入后，用塑料带从下向上一圈一圈地把切口包严，注意将芽和叶柄留在外面，以便检查是否成活。

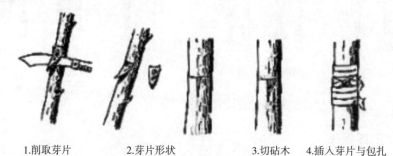

1.削取芽片　　2.芽片形状　　3.切砧木　　4.插入芽片与包扎

图4-17　"丁"字形芽接

（3）方块芽接（图4-18）。取长方形芽片，按芽片大小在砧木上切割剥皮或切成"工"字形并剥开，嵌入芽片，然后绑扎紧。

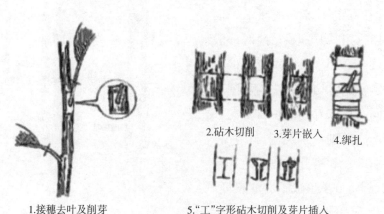

2.砧木切削　　3.芽片嵌入　　4.绑扎

1.接穗去叶及削芽　　5."工"字形砧木切削及芽片插入

图4-18　方块芽接

(4)套芽接(图4-19)。具体方法是:先从接穗芽上方1厘米处断枝,再从下方1厘米处环切割断皮层,然后用手轻轻扭动使树皮与木质部脱离;或纵切一刀后剥离,抽出管状芽套。选粗细与接穗相同或稍粗的砧木,用相同的方法剥掉树皮,或条状剥离。将芽套套在木质部上,再将砧木上的皮层向上包合,盖住砧木与接穗的接合部,然后绑扎紧。

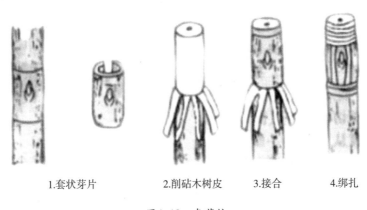

1.套状芽片   2.削砧木树皮   3.接合   4.绑扎

图4-19 套芽接

二 嫁接后管理

(一)检查成活

枝接和根接一般在接后1个月可进行成活率的检查。成活者接穗上的芽新鲜、饱满,甚至已经萌发生长,未成活者接穗干枯或变黑腐烂。

一般在芽接半个月后可进行成活率的检查。成活者的叶柄一触即落,芽体与芽片呈新鲜状态;未成活者芽片干枯变黑。

(二)解除绑缚物

在检查时如发现绑缚物绑得太紧,要松绑,以免影响接穗的发育和生长。当新芽长至2~3厘米长时,可全部解除绑缚物。对生长快的树种,枝接最好在新梢长到20~30厘米长时解绑。过早解绑,接口仍有被风吹干以致死亡的可能。

(三)补接

嫁接未成活时应及时进行补接。适宜枝接的枝接,适宜芽接的芽接,

视季节、树种特性而定。

（四）剪砧

嫁接前没有剪去砧木的，嫁接成活后要及时在接口上方断砧，以促进接穗的生长。一般树种大多可采用一次剪砧法，即在嫁接成活后将砧木从接口上方1厘米处剪去，剪口要平，以利愈合。

（五）抹芽、除蘖

嫁接成活后，砧木常萌发许多萌芽或根蘖。为集中养分供给接穗新梢的生长，要及时抹掉砧木上的萌芽和根蘖。如接穗新梢生长较慢，可将部分萌芽枝留几片叶后摘心，以促进新梢生长，待新梢长到一定高度再除掉萌芽条。抹芽和除蘖一般要反复进行多次，才能将萌蘖清除干净。

（六）立支柱

嫁接苗长出新梢时，遇到大风接口易脱落，从而影响成活，故在风大的地方，新梢长到5~8厘米长时，应紧贴砧木立一支柱，将新梢绑于支柱上。在生产上，此项工作较为费工，通常采用降低接口、在新梢基部培土、将接穗嫁接于砧木的主风方向等其他措施来防止或减轻风折。也可采取二次断砧法，先留一段砧木绑扎新梢，无风害后再在适合的位置断砧。

嫁接成活后，应加强水肥管理，进行松土除草和防治病虫害，促进苗木生长。

▶ 第六节　组培育苗

植物组织培养是指在无菌和人工控制的环境条件下，在人工配制的培养基上，将植物体的一部分（器官、组织细胞或原生质体）进行离体培养，使其发育成完整植株的过程。由于组织培养是在脱离植物母体的条件下进行的，所以也称作离体培养。

一 组织培养实验室的构成

组织培养要在组织培养实验室内部完成所有的带菌和无菌操作,这些基本操作包括:各种玻璃器皿的洗涤、灭菌,培养基的配制、灭菌、接种,等等。通常组织培养实验室包括准备室、无菌操作室、培养室以及温室等,细分的话还必须包括药品室、解剖室、观察室、洗涤室等。(图4-20)

图4-20 组织培养室

(一)准备室

准备室主要用来完成一些基本操作,比如:实验常用器具的洗涤、干燥、存放,培养基的配制和灭菌,常规生理生化分析,等等。准备室还存放有常用的化学试剂、玻璃器皿、仪器设备(冰箱、灭菌锅、各种天平、烘箱、干燥箱等)。准备室还要准备大的水槽等用于器皿等的洗涤,准备制备蒸馏水的设备。准备室要有大的空间,足够大的工作台。

(二)无菌操作室

无菌操作室主要用于进行植物材料的消毒、分离、接种,以及培养物的继代培养、转移等。此部分内部要求配备超净工作台、空调等。无菌操

作室要根据使用频率进行不定期消毒,一般采用熏蒸法,即利用甲醛与高锰酸钾反应可以产生蒸气进行熏蒸,用量为 2 毫升/米²。也可以在无菌操作室安装紫外灯,接种前开半小时左右进行灭菌。需注意的是,工作人员进入操作室时,务必要更换工作服,避免带入杂菌,务必保持操作室的清洁。要求操作室能长时间维持无菌状态,并且适于长时间工作。出入口要设置前室、双重门,对室内空气的净化性能要高,室内能调节温度,出入口和通气口要注意检查气密性。

(三)培养室

培养室主要用于接种完成材料的无菌培养。培养室的温度、湿度都是人为控制的。温度通过空调来调控,一般培养温度在 25 ℃左右,也和培养材料有关系。光周期可以通过定时器来控制,光照强度控制在 2 500~6 000 勒克斯,光源可使用荧光灯或普通日光灯,每天光照时间在 14 小时左右。培养室的相对湿度控制在 70%~80%,过干时可以通过加湿器来增加湿度,过湿时则可以通过除湿器来降低湿度。此外,培养室还要放置培养架,每个一般有 4~5 层,每层高 40 厘米,宽 60 厘米,长 120 厘米左右。

(四)温室

在条件允许的情况下,可以安排配备加热风机(图 4-21)的温室,主要用于培养材料前期的培养和组培苗木的炼苗。

图4-21　PTC加热风机

二　组织培养常用的设备

(一)器皿器械类

常用的培养器皿有试管、三角瓶、培养皿、果酱瓶等,根据培养目的和方式以及价格进行有目的的选择。试管主要用于培养基配方的筛选和初代培养;三角瓶主要用于培养物的生长,但是价格相对较高;培养皿主要用于滤纸的灭菌及液体培养。目前,生产上常用的培养器皿(图 4-22)以罐头瓶为主。

常见的器械类设备有:接种用的镊子、剪刀、解剖针、解剖刀和酒精灯等;配制培养基用的刻度吸管、滴管、漏斗、洗瓶、烧杯、量筒,以及牛皮纸、记号笔、高质电炉(现多为电磁炉)、pH 试纸,等等。

图4-22　玻璃组培瓶

(二)仪器设备类

常见的仪器设备(图 4-23)有天平(感量分别为 0.1 克、0.01 克、0.001克)、超净工作台、高压灭菌锅、冰箱、离心机、光学显微镜、放大镜、照相机、水浴锅、转床、摇床等。

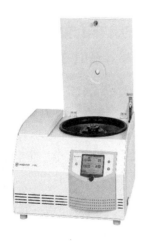

图4-23　离心机(左)与高压灭菌锅(右)

三 组织培养技术

(一)离体快繁的一般技术

离体快繁的一般技术包括外植体的选择与消毒、初代培养(无菌母株制备)、试管苗的增殖与继代培养(不定芽增殖)、试管苗的生根与移栽(完整植株形成)、再生植株鉴定等。

(二)组织培养技术体系

1.培养基的成分、配方及特点

培养基好比土壤,是组织培养中离体材料赖以生存和发展的基地。

1)组成培养基的五类成分。目前,大多数培养基的成分由无机营养物、碳源、维生素、有机附加物和生长调节物质等组成。

(1)无机营养物。无机营养物主要由大量元素和微量元素两部分组成。大量元素中,氮源通常有硝态氮或铵态氮,在培养基中用硝态氮的较多,也有将硝态氮和铵态氮混合使用的。磷和硫则常由磷酸盐和硫酸盐来提供。钾是培养基中主要的阳离子,在近代的培养基中,其数量有逐渐增加的趋势。而钙、钠、镁的需要则较少。培养基所需的钠和氯化物,由钙盐、磷酸盐或微量营养物提供。微量元素包括碘、锰、锌、钼、铜、钴和铁。培养基中的铁离子,大多以螯合铁的形式存在,即 $FeSO_4$ 与 Na_2-EDTA(螯合剂)的混合。

(2)碳源。培养的植物组织或细胞,它们的光合作用较弱。因此,需要在培养基中添加一些碳水化合物以供需要。培养基中的碳水化合物通常是蔗糖。蔗糖除作为培养基内的碳源和能源外,对维持培养基的渗透压也起重要作用。

(3)维生素。在培养基中加入维生素常有利于外植体的发育。培养基中的维生素属于 B 族维生素,其中效果最佳的有维生素 B_1、维生素 B_6、生物素、泛酸钙和肌醇等。

(4)有机附加物。包括人工合成的或天然的有机附加物。最常用的有酪朊水解物、酵母提取物、椰子汁和各种氨基酸等。另外,琼脂也是最常用的有机附加物,它主要作为培养基的支持物,使培养基呈固体状态,以利于各种外植体的培养。

(5)生长调节物质。常用的生长调节物质大致包括以下三类:

①植物生长素类:如吲哚乙酸(IAA)、萘乙酸(NAA)、2,4-二氯苯氧乙酸(2,4-D)。

②细胞分裂素:如玉米素(Zt)、6-苄基嘌呤(6-BA 或 BAP)和激动素(Kt)。

③赤霉素:组织培养中使用的赤霉素只有一种,即赤霉酸(GA3)。

2)常用培养基配方及其特点。组织培养是否成功,在很大程度上取决于对培养基的选择。不同培养基有不同特点,适合于不同的植物种类和接种材料。开展组织培养活动时,应对各种培养基进行了解和分析,以便能从中选择最合适的使用。下面介绍几种常用培养基的配方。培养基中的激素种类和数量随着不同培养阶段和不同材料而有变化,因此各配方中均不列入。

(1)MS 培养基。MS 培养基是目前普遍使用的培养基。它有较高的无机盐浓度,对保证组织生长所需的矿质营养供应和加速愈伤组织的生长十分有利。由于配方中的离子浓度高,在配制、贮存、消毒等过程中,即使有些成分略有出入,也不致影响离子间的平衡。MS 固体培养基可用来诱导愈伤组织,或用于胚、茎段、茎尖和花药培养,它的液体培养基用于细胞悬浮培养时能获得明显成功。这种培养基中的无机养分的数量和比例比较合适,足以满足植物细胞在营养上和生理上的需要。因此,一般情况下,无须再添加氨基酸、酪蛋白水解物、酵母提取物和椰子汁等有机附加成分。与其他培养基的基本成分相比,MS 培养基中的硝酸盐、钾和铵的含量高,这是它的明显特点。

(2)B5 培养基。B5 培养基的主要特点是含有较低的铵,这是因为铵可能对不少培养物的生长有抑制作用。试验发现,有些植物的愈伤组织和悬浮培养物在 MS 培养基上生长得比 B5 培养基上要好,而另一些植物在 B5 培养基上更适宜。

(3)N6 培养基。N6 培养基特别适合用于禾谷类植物的花药和花粉培

养,在国内外得到广泛应用。在组织培养中,经常采用的还有怀特(White,1963)培养基、尼许(Nitsch,1951)培养基等。它们在基本成分上大同小异。怀特培养基由于无机盐的含量比较低,更适合木本植物的组织培养。

2.培养液的配制

1)制备母液。为了避免每次配制培养基都要对几十种化学药品进行称量,应该将培养基中的各种成分,按原量10倍、100倍或1000倍称量,配成浓缩液,这种浓缩液叫作母液。这样,每次配制培养基时,取其总量的1/10、1/100、1/1000,加以稀释,即成培养液。现将培养液中各类物质制备母液的方法说明如下:

(1)大量元素。常使用包括硝酸铵等用量较大的几种化合物。制备时,以其10倍的用量,分别称出并进行溶解,以后按顺序混在一起,最后加蒸馏水,使其总量达到1升,即为大量元素母液。

(2)微量元素。因用量少,为称量方便和精确起见,应配成100倍或1000倍的母液。配制时,每种化合物的量加大100倍或1000倍,逐次溶解并混在一起,制成微量元素母液。

(3)铁盐。铁盐要单独配制。由硫酸亚铁($FeSO_4 \cdot 7H_2O$)5.57克和乙二胺四乙酸二钠(Na–EDTA)7.45克溶于1升水中配成。每配1升培养基,加铁盐5毫升。

(4)有机物质。主要指氨基酸和维生素类物质。它们都是分别称量,分别配成所需的浓度(0.1~1.0毫克/毫升),用时按培养基配方中要求的量分别加入。

(5)植物激素。最常用的有生长素和细胞分裂素。这类物质使用的浓度很低,一般为0.01~10毫克/升。可按用量的100倍或1000倍配制母液,配制时要单个称量,分别贮藏。

配制植物生长素时,应先按要求浓度称量好药品,置于小烧杯或容量瓶中,用1~2毫升0.1摩/升氢氧化钠溶液溶解,再加蒸馏水稀释至所需浓度。配制细胞分裂素时,应先用少量0.5摩/升或1摩/升的盐酸溶解,然后加蒸馏水至所需量。

以上各种混合液(母液)或单独配制药品,均应放入冰箱中保存,以免变质、长霉。至于蔗糖、琼脂等,可按配方中要求随称随用。

2)配制培养基的具体操作。

(1)根据配方要求,用量筒或移液管从每种母液中分别取出所需的用量,放入同一烧杯中,并用粗天平称取蔗糖、琼脂放在一边备用。

(2)将(1)中称好的琼脂加蒸馏水300~400升,加热并不断搅拌,直至煮沸溶解呈透明状,再停止加热。

(3)将(1)中所取的各种物质(包括蔗糖)加入煮好的琼脂中,再加水至1 000升,搅拌均匀,配成培养基。

(4)用氢氧化钠或盐酸,滴入(3)中的培养基里,每次只滴几滴,滴后搅拌均匀,并用pH试纸测其pH,直到将培养基的pH调到5.8。

(5)将配好的培养基用漏斗分装到三角瓶(或试管)中,并用棉塞塞紧瓶口,瓶壁写上号码。瓶中培养基的量为瓶容量的1/5~1/4。

培养基的成分比较复杂,为避免配制时忙乱而将一些成分漏掉,可以准备一份配制培养基的成分单,将培养基的全部成分和用量填写清楚。配制时,按表列内容顺序,按项按量称取,就不会出现差错。

3)培养基的灭菌与保存。培养基配制完毕后,应立即灭菌。培养基通常应在高压蒸汽灭菌锅内,在汽相120 ℃条件下,灭菌20分钟。如果没有高压蒸汽灭菌锅,也可采用间歇灭菌法进行灭菌,即将培养基煮沸10分钟,24小时后再煮沸20分钟,如此连续灭菌三次,即可达到完全灭菌的目的。

经过灭菌的培养基应置于10 ℃下保存,特别是含有生长调节物质的培养基,在4~5 ℃低温下保存要更好些。含吲哚乙酸或赤霉素的培养基,要在配制后的一周内使用完,其他培养基最多也不应超过一个月。在多数情况下,应在消毒后两周内用完。

3.材料的选用及消毒

一般常用作快速繁殖的材料有鳞茎、球茎、茎段、茎尖、花柄、花瓣、叶柄、叶尖、叶片等,它们的生理状态对培养时器官的分化有很大影响。一般来讲,发育年幼的实生苗比发育年龄老的成年树更容易分化,顶芽比腋芽更容易分化,萌动的芽比休眠的芽更容易分化,采用大树基部的萌

蘖条有利于芽的诱导和分化。此外,可以用未成熟的种子、子房、胚珠和成熟的种子为材料,剥去种皮,经过胚胎培养,打破休眠得到试管苗后,再进行快速繁殖。

将接种材料用自来水冲洗干净,擦干。然后,在超净台上或接种箱内,将接种材料浸在饱和漂白粉上清液里,做表面灭菌,时间为15~30分钟,也可用0.1%升汞溶液加适量吐温乳化剂,做表面灭菌8~12分钟。灭菌时间快到时,倾倒掉灭菌溶液,用无菌水涮洗多次,然后用无菌纱布吸干接种材料外部的水分,最后在无菌的条件下将接种材料接种在培养基上,以待器官分化。

4.接种

在超净工作台上将植物材料接入培养基中即可。具体做法:左手拿试管或三角瓶,用右手轻轻取下包头纸,将容器口靠近酒精灯火焰,瓶口倾斜,以防空气中的微生物落入瓶中,瓶口外部在火焰上燎数秒钟,固定瓶口灰尘,用右手的小指和无名指慢慢取出瓶塞(以防气流冲入瓶中造成污染),将瓶口在灯焰上旋转灼烧,然后使用消毒后的镊子将外植体送入瓶中,将瓶塞在火焰上旋转灼烧数秒钟,塞回瓶口,包好包头纸,做好标记即可。植物组织培养受温度、光照、培养基的pH等各种环境条件的影响,接种后的培养基需置于严格控制的环境中,温度在(25±2)℃,相对湿度在60%~80%,光照10~16小时/天,光照强度在1 500~10 000勒克斯(小苗要小,大苗要大),必要时通风,换入的空气需保证无菌。

5.芽的分化

接种后,要使材料分化出许多芽,必须对培养基及激素的种类和浓度进行严格筛选。在诱导芽的分化过程中,常用的基本培养基为MS培养基,适当降低MS培养基中无机盐的浓度,特别是降低氨的水平,对芽的分化和生长都是有利的。

另外,也可将接种材料置于含高浓度生长素的培养基上,先诱导材料脱分化形成愈伤组织,然后诱导愈伤组织分化形成不定芽或胚状体,继续培养后使其萌发成为小植株。也可以将愈伤组织打散,再进行液体转化培养,促进胚状体、芽和原球茎的分化,这样可使愈伤组织细胞同时分化出大量的原球茎和胚状体,大大加快无性繁殖的速度。但是用这种方法所繁殖的植物,染色体倍性容易发生变化,影响无性系后代的一致性。

6.根的诱导

要促使试管苗生根,常用的有两种方法:一种是把试管苗在无菌条件下从叶腋处剪下来,转移到生根培养基上。生根培养基和分化培养基的差别主要在于生长素和细胞分裂素的比例上,适当增加生长素的浓度,不用细胞分裂素或极少量的细胞分裂素,一般在茎的基部就能分化出根。不同的植物诱导生根时所需要的生长素的种类和浓度是不同的。一般常用的生长素有吲哚乙酸、萘乙酸、吲哚丁酸三种。在生产实践中,生长素浓度过低不利于试管苗生根;而生长素浓度过高时,先在茎的基部形成一块愈伤组织,而后再从愈伤组织上分化出根,但是这样茎与根之间的维管束往往连接不好,影响了物质和水分的吸收和运输,这种苗移栽不易成活,即使成活后生长速度也较慢,所以要求生长素的浓度以能使伤口处直接生长出根为合适。

另一种方法是将无菌苗剪下后,浸泡在含有一定浓度生长素的无菌水中,几小时后再接种到无激素培养基上,一般1周后即开始分化出根原基,2~3周后根生长良好即可移栽。

7.试管苗的管理

由外植体上生芽并使其增殖是快速繁育苗木的关键之一。为扩大增殖系数,当诱发的芽长度大于1厘米时,切下转入生根培养基中,将剩下的新梢切成若干段,转入增殖培养基中,培养一段时间后,再选取大的进行生根培养,剩下的再切成小段转入增殖培养。

8.炼苗与移栽

当试管苗长出白根后且尚未老化之前,应打开瓶塞放在散射光处锻炼3~4天,然后取出幼苗,用温水将琼脂冲洗掉,移栽到无菌的沙性土壤中。组培苗对基质的要求较高,基质必须严格消毒。基质一般以砻糠灰(炭化稻壳)、河沙、泥炭、珍珠岩或蛭石为材料。应根据不同的园林苗木材料,采用以上基质材料,按不同配比制成无菌的基质。移栽时,要注意不要伤根并使其处于伸展状态,浇透水后,用塑料薄膜覆盖,保持空气的

相对湿度在90%以上,温度在(25±5)℃,勿使阳光直晒。过1周后,注意逐渐通气,以及浇灌适量的水,幼苗即能成活。试管苗成活后,再移至苗圃的幼苗池中进行培养,待壮苗后移至大田栽培。

第五章

园林植物工厂化育苗基质与营养

▶ 第一节 工厂化育苗基质的理化性质

育苗基质是能为幼苗生长提供稳定协调的水、气、肥和根际环境的介质。育苗对基质理化性状的要求：

①利于植物根系伸展和附着，能发挥其固定和保持作用；

②能为植物根系提供良好的水、肥、气、热等条件；

③不含对植物生长发育有害、有毒的物质；

④适应现代化的生产要求，易于操作及标准化。

▶ 第二节 工厂化育苗基质的种类与消毒

一 育苗基质的种类

（一）有机基质（图5-1）

1.草炭

草炭是由沼泽、湿地植物残体在富水好气条件下未完全分解并堆积而成的，分为藓类草炭和苔草草炭两类。藓类草炭有较高的持水能力（吸水后10倍于干重）、pH为3.8~5.4，适合作为营养液育苗基质。

图5-1 发酵后的有机基质

2.炭化稻壳

将稻壳烧制成炭壳，炭化程度以完全炭化但基本上保持原形为标准。其质地疏松，保湿性好，含有少量磷、钾、镁等。pH 在 8 以上时，应用前必须用水清洗，必要时用 3 000 倍液硫酸洗涤，移苗前 5~7 天灌液，使 pH 稳定后再用。在利用炭化稻壳做基质时，营养配方中的磷、钾含量要适当减少。

3.锯木屑

除有毒和有油的树种外，一般树种的锯木屑都可以使用。未经腐熟的锯木屑在育苗时，常因微生物活动消耗大量氮素而缺氮，氮碳比例失调，造成幼苗色泽黄绿。如需使用，应先补氮，经适当腐熟后使用。

4.平菇基质下脚料

该基质理化性质好，应用时管理比较简单，用于育苗容易成功。应使用上一年种过平菇的棉花壳，并再一次进行堆制发酵。应注意其中是否夹带杂物与病虫。

(二)无机基质

1.蛭石(图 5-2)

为次生云母矿石经 1 000 ℃以上高温处理的产品，带菌极少，持水力强，用于育苗，管理省工。含有一定的氮素与速效磷，有利于固定根系。其不足之处是无法带基质运输与定植，不适合长途运输。

2.炉渣

资源丰富,成本较低,很少带菌,含有一定的氮素和速效磷,容重适中,有利于固定根系。不足之处是无法带基质运输与定植,不适合长途运输。把充分燃烧的锅炉煤炭的炉渣进行粉碎,用筛孔直径在 3 毫米左右的筛子筛一遍,然后用筛孔直径在 2 毫米左

图5-2 蛭石

右的筛子筛一遍,用粒径 2~3 毫米的炉渣育苗。过完筛后用水冲洗备用。用隔年炉渣要进行消毒,一般用 0.015%~0.1%高锰酸钾溶液消毒。

3.沙

粒径以 0.1~2.0 毫米为宜。沙中含有铁、锰、硼、锌等元素。它是最早用于营养液育苗的固形基质,可就地取材,价格便宜。缺点:容重太高,缓冲性差;无法带基质运输与定植。

二 育苗基质的消毒

基质的主要成分如园土、泥炭土、腐叶土等,均含有杂菌和虫卵,为保证园林植物特别是一些较为名贵的园林花木栽培到容器中后健壮生长,减少病虫害,使用前必须对基质进行消毒。消毒方法很多,常采用蒸汽消毒、日晒、烧土和化学消毒等方法。

(一)蒸汽消毒

100~120 ℃的蒸汽通入土壤,消毒 40~60 分钟,或以混有空气的水蒸气在 70 ℃时通入土壤,处理 1 小时,均可消灭土壤中的病菌。蒸汽消毒设备、设施成本较高。

(二)日光曝晒

对土壤消毒要求不严格时,可采用日光曝晒消毒,尤其是夏季,将土壤翻晒,可有效杀死大部分病原菌、虫卵等。在温室中,土壤翻新后灌满

水再曝晒,效果更好。水稻田土用来种花可免除消毒。

(三)铁锅翻炒

家庭栽培可采用铁锅翻炒法灭菌。将培养土在 120~130 ℃铁锅中不断翻动,30 分钟后即可达到消毒的目的。

(四)化学药剂消毒

化学药剂消毒具有操作方便、效果好的特点,但因成本较高,通常小面积使用。

常用 40%的甲醛 500 毫升/米³均匀浇灌,并用薄膜盖严密闭 1~2 天,揭开后翻晾 7~10 天,让甲醛挥发殆尽后使用;也可用稀释 50 倍的甲醛均匀泼洒在翻晾的土面上,使表面淋湿,用量为 25 千克/米²,然后密闭 3~6 天,再晾 10 天以上即可使用。

氯化苦在土壤消毒中也常有应用。使用时,每平方米打 25 个左右深约 20 厘米的小穴,每穴加氯化苦液约 5 毫升,然后覆盖土穴,踏实,并在土表浇上水,提高土壤湿度,使药效延长,持续 10~15 天后,翻晾 2~3 次,使土壤中氯化苦充分散失,2 周以后使用。或将培养土放入大箱中,每 10 厘米一层,每层喷氯化苦 25 毫升,共 4~5 层,然后密封 10~15 天,再翻晾后使用。需要注意的是,氯化苦是高效、剧毒的熏蒸剂,使用时要戴乳胶手套和适宜的防毒面具。

▶ 第三节　育苗营养供应

━ 幼苗对营养的需求特性

(一)发芽期

发芽至第一片真叶显露;异养到自养过渡。

(二)幼苗期

露心至第一或第二片真叶展开;地上生长较慢,地下生长旺盛。

（三）成苗期

第一或第二片真叶展开至定植；生长迅速，花芽分化。

二 养分供给方式

（一）定期浇灌营养液

苗木幼龄期所用的营养液浓度稍低一些，随着苗木生长，浓度逐渐提高。发芽期不用补充养分，子叶展开前必须及时浇灌营养液，一般在幼苗出土进入绿化室后即开始浇灌营养液。

供液与供水相结合，一旦基质中积盐过多，清水淋洗是最有效的办法；采用顶部或底部供液的方式。

冬季育苗，光照弱，幼苗易徒长，浇液量和浇液次数可少些。夏季育苗，营养液用量要适当增加，而且苗床应经常喷水保湿。

（二）基质中配施肥料

在配制基质时，按照其中的养分含量和作物的苗期需求，添加不同肥料（有机肥、化肥、控释肥），生长后期酌情追肥。

措施：氮肥、钾肥在全育苗期随时施用；将腐熟有机肥（鸡粪、猪粪、牛羊粪、棉籽壳、豆饼等）和化肥配施；作物、基质和育苗方式不同，肥料的添加量需相应改变；后期养分不足时，及时予以补充。

　　　**园林植物工厂化
育苗质量控制**

第一节　环境条件对幼苗质量的影响

　　影响苗木生长的环境因素主要包括温度、光照、水分、养分和气体等，工厂化育苗可以采取措施对环境因素进行调控，创造最适的环境条件以培育符合造林绿化需要的健壮幼苗。工厂化育苗的环境控制主要在温室培育阶段进行。

(一)温度

　　温度是影响苗木生长的主要环境因素之一。温室内的温度也随外界昼夜温度的变化而变化。对于绝大多数树种来说，白天最适宜温度为 20~25 ℃，夜间最适温度为 16~25 ℃。工厂化育苗采取措施控制育苗生长的环境温度，主要有以设施设备条件调控温度和以栽培手段调节苗木根际温度两个途径。

　　在苗木培育期，工厂化育苗应选用保温采光性能好并安装有加温设备的温室，这对于寒带地区尤为重要。温室加温目前以用煤、油、气为燃料的高效热风炉为主，有条件的地区也用地热温泉加温。夏季温室降温也很重要，特别是南方。当室外温度过高时，首先考虑采取自然通风方式降温，如达不到要求，再配合采用外遮阳、内遮阳、湿帘、微喷等措施。

　　根际温度对苗木的生长发育很重要。工厂化育苗可以通过床架式苗床来提供根际温度，还可采用优良的育苗基质以及用专用蓄水池提高水温后喷灌。

(二)水分

水分对苗木质量十分重要。工厂化育苗基本上以容器苗培育为主,容器内基质持水量有限,在成苗期间几乎需要每天浇灌。为确保苗木的质量和出苗量,提高劳动效率,工厂化育苗条件下一般采用专用喷灌设备。为解决工厂化育苗中苗木需水严格而供水保水不足的问题,也可对苗木喷施羧基甲纤维素、淀粉接枝保水剂、高分子吸水树脂等保水剂,以及用主要成分为黄腐殖酸的各种抗蒸腾剂保水。

工厂化育苗还必须注意空气相对湿度变化对苗木的影响,常用措施有温度调节、通风换气、微喷灌等。

(三)光照

在工厂化育苗条件下,光照对于苗木的影响取决于育苗密度、育苗设施建筑与覆盖材料的透光性能。工厂化育苗应首先根据育苗树种特性及苗木培育年龄,确定合理的育苗密度,防止过于郁闭而影响光照条件。其次,通过选用遮光少的建筑材料或无滴膜、经常冲洗薄膜等措施保持育苗设施的透光性能。

如树种需要,有时需要以延长一定的光照时间和增加照明度来调节苗木的生长。一般利用反射光,如在育苗场所挂反光膜等,更常用的措施是安装辅助照明设备补光,常用的光照设备有日光灯、白炽灯、碘钨灯、高压汞灯、生物效应灯、农用荧光灯等。

(四)气体

二氧化碳是植物所需的碳素来源,而工厂化育苗是在设施内进行的,二氧化碳容易处于亏缺状态。通风换气是调节温室内二氧化碳浓度的有效方法。据试验,如果气流速度达到 30 米/分,就等于空气中的二氧化碳含量增加 50%。也可直接施放二氧化碳气体补充,目前,国内主要把二氧化碳压缩储存在钢瓶中,需要时施放。生产上也常用增施有机肥料、促进土壤微生物活动等方法提高温室内二氧化碳浓度。

(五)养分

工厂化育苗的基础之一是在空间有限的容器或穴盘内提供苗木生长所需的营养,这往往导致苗木因缺乏某种元素而生长不良或徒长。

调控技术措施：首先是依据基质所提供的营养空间确定树种苗龄，或根据一定的苗龄选定不同规格的容器或穴盘；其次是精心配制提供苗木生长所需无机养分和有机养分的轻型培养基质；再次是配制均衡营养液，在苗木生长的不同阶段按比例根外追施，也可结合灌溉浇施。

为防止幼苗徒长，一般采用化学调控方法。在苗木速生期的前期，以一定浓度的生长调节剂（如矮壮素、多效唑、硼等）进行灌根处理，可促进根系发育，提高苗木干物质重量。另外，及时炼苗，促使苗木充分木质化。

（六）病虫害

工厂化育苗是集约化生产方式，病虫害发生和传播迅速，但管理集中又有利于病虫害的防治。工厂化培育的幼苗病虫害主要有以下三类：一是生理性病害，如徒长，老化，烧根，沤根，叶片黄化、白化和斑枯，等等；二是传染性病害，由真菌或细菌引起，常见的有猝倒病、叶枯病等；三是虫害，常见的有蚜虫、红蜘蛛等。

工厂化育苗过程中，幼苗病虫害的防治必须以预防为主。针对不同树种容易产生的病虫害采取预防措施，在苗期管理上应适时适量灌水，加强通风，所施有机肥应充分腐熟。另外，对基质和繁殖材料要进行严格消毒。

▶ 第二节　育苗环境调控

一　光照调控

工厂化育苗是集约化生产方式，苗木的群体密度较大，选择合理营养面积、确定合理育苗密度至关重要，否则会因过于郁闭影响光照，造成苗木质量变劣。可通过提高覆盖材料的透光量、确定合理屋面角度、选用遮光少的建筑材料以提高透光性能。还可在育苗场所内挂反光膜等，充分利用反射光。冬季育苗光照强度低，除改善温室采光条件外，必要时可采

用人工补光。

二 水分调控

(一)灌溉方式

工厂化育苗所用穴盘的穴格容积较小,基质持水量有限,加之无土基质的疏松和透气性较强,因此基质水分状况变化较快,在成苗期间几乎每天必须浇灌。传统的灌溉方式不能满足工厂化育苗的水分需要,一方面劳动强度较大,另一方面灌溉的均匀性较差,导致苗木生长参差不齐。

(二)保水剂

基质穴盘育苗由于营养容积小,持水量小且本身水分流失快,幼苗蒸腾作用强,故水分管理较为困难。保水剂在吸足水分的情况下呈膨化状态,其覆盖在根系周围,能源源不断地供给水分,并且基质中含有充足空气,利于根系活动,可改善苗木供水状况。

(三)抗蒸腾剂

有保水剂的效果,例如腐殖酸类除有促进苗木生长发育的作用外,另外一个重要功能就是抗旱节水。此外,工厂化育苗必须注意空气相对湿度变化,主要措施有地面和墙体喷水,有条件的可安置微喷设施。

三 营养调控

(一)矿物质营养调控

无土育苗的基质中可供苗木利用的养分很少,尤其是缺乏速效养分,苗木生长所需养分基本依靠外给。

(1)喷浇营养液。配制时应考虑到最大限度满足作物生长发育需要,要配制成均衡营养液,并注意溶液中离子平衡。注意降低成本和保证肥料来源方便,为大面积推广应用,配方不宜过于复杂。

(2)应用营养基质。国内外蔬菜无土育苗一般采用营养液喷浇方法供给营养,其优点是依据苗木不同生长时期需要,适时适量供给营养,一般不会出现营养缺乏或浓度过大而造成伤害的问题。

（3）缺素症状。不论采用何种养分供给方法，即使是全元素供给，偶尔也会出现缺素症状，如果采用均衡营养配方，一般认为是基质中某种养分不够，应该补充或进行必要的喷施。

（二）营养面积选择与化学调控

工厂化育苗的重要基础之一在于广义的营养即营养面积，而实现手段就是确定适宜苗龄+适合营养面积。也就是说，依据营养面积确定苗龄或根据苗龄选定不同孔穴的穴盘就成为工厂化穴盘育苗中值得重视的问题。穴盘是工厂化育苗的关键设备之一，由于其特殊构造造就了幼苗发生徒长的天然条件，即营养面积小，即使在正常管理条件下也易发生徒长。徒长苗不仅影响苗木本身质量，而且影响幼苗的商品性，因此穴盘苗的株型必须得到有效调控，才能保证苗木质量。化学调控一般是在育苗的前中期以植物生长调节剂进行喷雾或灌根，注意要严格控制使用浓度。

四 气体调控

（一）通风换气

气体调控的主要措施，可通过放风或鼓风机等设备实现，经常通风换气可满足苗木对气体的适时需要，促进苗木生育和提高苗木质量。

（二）补充二氧化碳

育苗期间施二氧化碳效果很好，对苗木生长发育有很大的促进作用。为提高设施内二氧化碳浓度，促进光合作用和增加光合作用产物，常采用补充二氧化碳气肥的措施。

第三节　工厂化育苗的质量控制

一　穴盘的选择

穴盘是工厂化穴盘育苗的重要载体,必不可少。按取材不同分为聚苯泡沫穴盘和塑料穴盘。由于轻便、节省面积,塑料穴盘的应用更为广泛。穴盘孔数多时,虽然育苗效率提高,但每孔空间小,基质也少,对肥水的保持性差,同时植株见光面积小,要求的育苗水平要更高。

二　基质的选择和配比

适合穴盘根系生长的栽培基质应具备以下特点:

(一)保肥能力强

能供应根系发育所需养分,并避免养分流失。

(二)保水能力好

避免根系水分快速蒸发干燥。

(三)透气性佳

使根部呼出的二氧化碳容易与大气中的氧气交换,减少根部缺氧情况发生。

(四)不易分解

利于根系穿透,能支撑植物。基质过于疏松,植株容易倒伏,基质及养分容易分解流失。根据这些特点,穴盘育苗主要采用轻型基质,如草炭、蛭石、珍珠岩等。三种物质适当配比,可以达到最佳的育苗效果。也可以根据不同地区的特点,调整配比,如南方高温多雨地区可适当增加珍珠岩的含量,西北干燥地区可以适当增加蛭石的含量,达到因地制宜的效果。一般的配比为草炭:蛭石:珍珠岩=3:1:1。除此之外,还可以选择其他能替代草炭的基质,如棉籽壳、锯木屑等。现在也有一些商品化的育苗基

质,如加拿大的发发得(Fafard)育苗专用草炭,不仅持水性好,而且透气性也很好。另外,常用的进口草炭还有美国的阳光(Sungro)和伯爵(Berger)、德国的克拉斯姆(Klasman)等。进口草炭与国产的东北草炭相比较,进口草炭一般都经过较好的消毒,不易发生苗期病害;而且,进口草炭的 pH 与 EC 均已经过调节,可直接应用于生产,使用非常方便;更重要的是进口的育苗专用草炭经过特殊的处理,添加了吸水剂,也加入了缓释的启动肥料,因此育苗效果极好,出苗率和种苗叶片大小、颜色均比使用国产草炭有着明显的优势。但进口育苗专用草炭的价格是国产的数倍之多,一般的生产者难以承受,只作为高档作物育苗或在出口种苗生产时使用。目前我国也已经开发出对应的专用育苗基质,并在生产中取得了很好的效果。

三 对水质的要求

水质是影响穴盘苗质量的重要因素之一,由于穴格基质少,对水质与供给量要求极高。水质不良对苗木将造成伤害,轻则减缓生长、降低品质,重则导致植株死亡。

四 播种和催芽

穴盘苗生产对种子的质量要求较高。出苗率低,造成穴盘空格增加,形成浪费;出苗不整齐则使穴盘苗质量下降,难以形成好的商品。因此,通常需要对种子进行预处理。未经包衣处理或发芽率低于 90% 的种子应采用先浸种催芽再播种的方法,出苗也可非常整齐。

五 苗床管理

工厂化穴盘育苗的水肥管理是育苗的重要环节,贯穿于整个育苗过程,是培育优质种苗的关键。在大规模育苗下,穴盘苗因穴格小,每株幼苗生长空间有限,穴盘中央的幼苗容易互相遮蔽光线及湿度高造成徒长,而穴盘边缘的幼苗因通风较好而容易失水,边际效应非常明显,尤其是在我国东西部等干燥地区,此种情况更易出现。因此,为了维持正常生长及防止幼苗徒长,需要精密控制水量。穴盘苗发育阶段可区分为四个时期:第一期,种子萌芽期;第二期,子叶及枝伸长期(展根期);第三期,直叶生长期;第四期,炼苗期。每个生长发育时期对水量需求不一:第一期对水分及氧气需求量较高,相对湿度要维持在95%~100%,供水以喷雾粒径15~80微米为佳。第二期水分供给稍减,相对湿度应降到80%,使基质通气量增加,以利根部在通气较佳的基质中生长。第三期供水应随幼苗成长而增加。第四期则限制给水以健化植株。除此四个时期水分管理遵循上述原则外,在实际育苗中,水分供应还应该注意以下几点:①阴雨天日照不足且湿度高时不宜浇水;②浇水以正午前为主,下午三点后绝不可灌水,以免夜间潮湿造成徒长;③穴盘边缘苗易失水,必要时进行人工补水。工厂化穴盘育苗,由于容器空间有限,需要及时地补充养分。目前有许多市售的水溶性复合化学肥料,具有各种配方,皆可溶于灌溉水中进行施肥,十分方便。

六 穴盘苗的矮化技术

穴盘苗地上部及地下部受生长空间限制,往往造成苗徒长且细弱,此为穴盘苗生产品质上最大的缺点,也是其无法全面取代传统育苗的主要原因,故如何生产矮壮的穴盘苗是专业育苗生产者和科学家一直在探索的问题。一般可利用控制光强、温度、水分等方式来矮化苗木,也可使用生长调节剂控制植株高度。

七 穴盘苗的炼苗

穴盘苗由播种至幼苗养成的过程中,水分或养分几乎充分供应,且在保护设施内幼苗生长良好。当穴盘苗达出圃标准,经包装、贮运、定植至无设施条件保护的田间,各种生长逆境,如干旱、高温、低温、贮运过程的黑暗弱光等,往往造成种苗品质降低,定植成活率差,使农户对穴盘苗的接受力大打折扣。如何经过适当处理使穴盘苗在移植定植后迅速生长,

穴盘种苗的炼苗就显得非常重要。穴盘苗在供水充裕的环境下生长,地上部发达,有较大的叶面积,但在移植后,在田间日光直晒及风的吹袭下,叶片蒸散速度快,容易发生缺水情况,使幼苗叶片脱落以减少水分损失,并伴随光合作用减少而影响幼苗恢复生长能力。若出圃定植前进行适当控水,则植物叶片角质层增厚或脂质累积,可以反射太阳辐射,减少叶片温度上升,减少叶片水分蒸散,以增加对缺水的适应力。夏季高温季节,采用阴棚育苗或在有水帘风机降温的设施内育苗,使种苗的生长处于相对优越的环境条件下,这样一旦定植于露地,种苗将难以适应田间的酷热和强光。因此,出圃前应增加光照,尽量创造与田间比较一致的环境,使种苗适应,可以减少损失。冬季温室育苗,温室内环境条件比较适宜种苗的生长,种苗从外观上看质量非常优良,但定植后难以适应外界的严寒,容易出现冻害和冷害,成活率也大打折扣。因此,在出圃前必须炼苗,将种苗置于较低的温度环境下 3~5 天,可以起到理想的效果。

▶ 第四节 育苗过程病虫害控制

苗木质量的判断标准之一就是幼苗健壮、无病虫害,育苗过程中能否有效地防治病虫害是育苗成败的关键性技术环节之一,也是苗木栽培成败的关键。工厂化育苗是集约化生产模式,病虫害发生和传播迅速,但由于管理比较集中,又有利于病虫害的防治。苗期病虫害与成株期病虫害有一定的共同性,也有一定的差异性,目前生产中常见的病虫害种类及防治方法如下。

一 生理病害的种类与防治

(一)徒长

1.表现和特点
叶色浅,茎节长,根系发育差,根重比值低,茎粗/茎高比值低,细胞含水量高,含糖量低,抗病性差,定植后往往开花结果期延迟,早熟性差,但对总产量影响程度较小。

2.原因及对策

幼苗在子叶期相对生长速率较大,此期如果遇到高温高湿,尤其是高夜温,幼苗极易徒长,俗称"拔脖"。真叶展开后,相对徒长的现象有所减少。因此,预防徒长要做到控制子叶期温度,尤其是出苗后要及时降低夜温,必要时可在播种前的底水浇灌中添加低浓度的矮壮素(CCC 10~20毫克/升),对于预防徒长效果较好。

(二)老化

1.表现和特点

叶片肥厚而色深、发暗,苗矮、瘦、细,茎部硬化,根系发育差,生理活性低,代谢不旺盛,植株可以积累养分,但不能用于正常生长,反而会产生障碍,定植后生长迟缓,尤其是总产量表现较低。

2.原因及对策

营养液浓度过高或基质中积累的盐分浓度过高,长期低温,尤其是根际温度偏低,干旱,过分应用生长抑制剂,等等,均会导致幼苗植株老化。要控制营养液的浓度,注意环境温度。

(三)边际效应

1.表现和特点

在利用穴盘进行工厂化种苗生产时,往往出现一种特殊现象:处于穴盘边缘的植株生长势弱于穴盘中央的植株,这里特称为"边际效应"。育苗盘或育苗床架的周边苗木表现为植株低矮,生育量小,严重的会出现植株老化的症状和表现。

2.原因及对策

因边缘通风状况良好,基质的持水量又小,加上边缘往往是浇水不容易充分的地方,因此很易出现缺水的现象,长期缺水势必影响苗木的生长发育速度并导致苗木老化。预防对策是除正常喷灌外,应额外给边缘的苗木补水。

(四)逆边际效应

1.表现和特点

部分处在穴盘中央的幼苗在生长发育过程中出现生长速度较慢的现象,而且随着育苗期的延长,植株长势越来越弱,以致最终被周围植株全部覆盖而失去育苗价值。这种幼苗往往初期表现低矮和长势较弱,越到后期越明显,严重的停止生长或者逐渐因周围苗木的茎叶覆盖而出现黄化或死亡。

2.原因及对策

主要是因为苗盘不够通透,光照不足等。可选择整齐一致的种子进行播种,增强通风透气性,给予充足的光照和均匀的灌水。

(五)烧根

1.表现和特点

苗木发生烧根时,根尖发黄,须根少而短,不发或很少发出须根,但苗木拔出后,根系并不腐烂。茎叶生长缓慢,矮小脆硬,容易形成小老苗,叶色暗绿,无光泽,顶叶皱缩。

2.原因及对策

在无土育苗条件下,产生烧根的主要原因是营养液浓度过高,或在连续喷浇过程中,盐分在基质中逐渐积累而产生危害。配制营养液时,铵态氮的比例较大(超过营养液总氮量的30%)也易引起烧根现象。因此必须按正式推广应用的营养液配方配制营养液,如果想要改进营养液配方,必须经过试验,有把握后再应用于大面积生产。在育苗过程中,一般应在浇2~3次营养液后浇一次清水,避免基质内盐分浓度过高。应用营养基质进行无土育苗必须选用定型的产品,切忌自己随意乱配,以免发生浓度危害。

(六)沤根

1.表现和特点

沤根(图6-1)的症状是根部不发新根,根皮腐烂,幼苗萎蔫,茎叶生长受到抑制,叶片逐渐发黄,不生新叶,幼苗很容易拔起。

2.原因及对策

产生沤根的主要原因是苗床
长期处于低温状态,再加上浇水较
多，根际始终处于冷湿与缺氧状
态;光照不足,也易引起沤根。实行
床架育苗，这样透气条件较好,基
质内湿度不可能太大(多余的水分
从盘底小孔流出)。发现沤根后应
及时控制浇水,提高室温或根际温度。

图6-1　沤根

(七)叶片黄化、白化和斑枯

1.表现和特点

叶片部分或全部变黄、变白、干枯或形成斑点状的黄化、干枯(图6-
2),引起植株生长缓慢,严重的导致苗期死苗现象。

图6-2　叶片黄化

2.原因及对策

由于温度过高,强光直射灼伤叶片使之失绿而形成白斑;高温放风过
猛,冷风闪苗失绿造成叶片白斑;基质中氮肥严重缺损造成心叶黄化;基
质中酸碱度不适宜和盐分浓度超标时,真叶叶缘黄化;出现病毒病或蚜
虫刺吸叶片时,会在真叶叶片上形成黄绿相间的斑纹;补施叶面肥时,喷
施浓度过大,之后没有及时用清水清洗叶片,也会造成叶片灼烧黄化。防
治方法主要注意:基质的 pH 呈弱酸性或中性,严禁用含盐量高的有机肥

配制基质;放风炼苗不宜过猛,应根据外界温度和风向逐渐放风;注意保持苗床温度,防止低温冻害。

二 传染性病害的种类与防治

(一)猝倒病

1.表现和特点

猝倒病由鞭毛菌亚门腐霉菌侵染所致,幼苗出土前染病会造成烂种、烂芽;出土后染病则表现为茎基部初呈水浸状,很快褪绿变黄呈黄褐色,最后茎缢缩成线状,幼苗失去支撑折倒在地。(图6-3)该病传染性强,湿度大时在病苗残体表面及附近基质上密生白色絮状菌丝。

图6-3 患猝倒病的幼苗

2.原因及对策

种子和基质带菌是该病发生的主观条件,湿度大和温度过高或过低是发病的客观条件,故要做好种子和基质的消毒,加强苗床管理,一旦发病,可用药剂及时喷洒或最好灌根处理,如采用恶霉灵、育苗青、普力克等处理,要注意灌根浓度一般是喷洒浓度的1/10左右,以免引起药害。

(二)立枯病

1.表现和特点

立枯病由半知菌亚门丝核菌属的立枯丝核菌侵染所致，受害幼苗在茎基部产生椭圆形暗褐色病斑，发病初期幼苗白天萎蔫，晚上恢复。当病斑横向扩展绕茎一圈后，茎病部凹陷缢缩，地上部茎叶逐渐萎蔫枯死。一般病苗枯死时仍然直立，故称立枯病。该病传染性强，潮湿条件下发病严重，并可见淡褐色蛛网状菌丝。（图6-4）

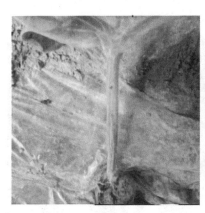

图6-4　患立枯病的植株

2.原因及对策

发病原因与猝倒病类似，可参照猝倒病的防治方法来防治立枯病。

(三)病毒病

1.表现和特点

感染病毒病的幼苗一般均表现植株矮化，叶片斑驳花叶是苗期病毒病的共同特点，严重者叶片皱缩畸形，植株生长停滞。病毒病发生轻重程度因病原及作物种类而异。另外，病毒病多发生于高温干旱环境，且随蚜虫发生大面积传播。

2.原因及对策

病毒的种类很多，一般均为种子内部传播，带毒种子是重要的病毒来源，防治上要严把种子质量关，并采用种子处理方法，如干热处理或用

10%磷酸三钠浸种 20~30 分钟,有钝化病毒的作用。

三 虫害的种类与防治

(一)蚜虫

1.表现和特点

在幼苗的叶背上,成蚜和若蚜群集吸食叶内汁液,形成褪色斑点,叶片发黄、卷曲,生长受阻。蚜虫(图 6-5)还可传播病毒病,造成的损失往往要大于蚜虫的直接危害。

图6-5　蚜虫

2.原因及对策

菜蚜繁殖受环境的影响很大,在平均气温 23~27 ℃、相对湿度 75%~85%条件下繁殖最快。药剂选用:50%抗蚜威可湿性粉剂 2 000~3 000 倍液,或21%灭杀毙乳油 6 000 倍液,或 25%天王星乳油 3 000 倍液,或 2.5%功夫乳油 3 000 倍液,或 20%速灭杀丁乳油 3 000 倍液,或 2.5%敌杀死乳油 3 000 倍液,等等。在育苗温室放风部位应该装上防虫网(20 目),温室内挂黄板(30 块/亩)等都是有效的防治措施。另外,应及时清除育苗温室周围的杂草,清除掉蚜虫的栖息场所和中间寄主。

(二)红蜘蛛

1.表现和特点

红蜘蛛(图 6-6)是危害幼苗的红色叶螨的总称。成螨和若螨群集在叶背,常结丝成网,吸食汁液,被害叶片初始出现白色小斑点,后褪绿变为黄白色,严重时发展为锈褐色,似火烧状,俗称"火龙"。被害叶片最后枯焦脱落,甚至整株死亡。红蜘蛛蔓延迅速,是苗期的一大虫害。

图6-6　红蜘蛛

2.原因及对策

红蜘蛛依靠爬行或叶丝下垂借风雨在田间传播,向四周迅速扩散。农事操作时,可由人或农具传播。从早春起就不断地清除育苗场所周围的杂草,可显著抑制其发生。在苗期注意灌溉,增施磷钾肥,促使苗木健壮生长。夏秋育苗,如遇高温干旱天气,应及时灌水,增加空气湿度,防止螨害的发生,控制螨情发展。也可参照防治蚜虫用药进行药剂防治。

(三)茶黄螨

1.表现和特点

俗称白蜘蛛(图 6-7),发生较普遍,食性杂,可危害多种蔬菜。成螨或若螨集中在苗木的幼芽与嫩叶刺吸汁液,致使被害叶片变窄、增厚、僵直,叶背呈黄褐色或灰褐色,带油浸状或油质状光泽,叶缘向背面卷曲。

2.原因及对策

该虫可在温室内周年繁殖为害。防治

图6-7　茶黄螨

上应将育苗温室和生产温室分开并隔离。育苗前彻底清除温室内的残株和杂草,并彻底重杀残余虫口。育苗期间经常检查,发现该虫为害立即用药防治。药剂种类选择基本上同红蜘蛛防治。

(四)白粉虱

1.表现和特点

白粉虱(图6-8)分布广,危害重。成虫和若虫群集在叶片背面吸食植株的汁液。受害叶片褪绿变黄、萎蔫,严重时全株枯死。除直接为害外,白粉虱成虫和若虫还能排出大量的蜜露,污染叶片,诱发叶霉病和灰霉病等。

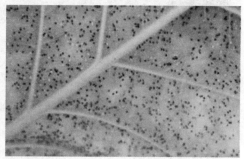

图6-8　白粉虱

2.原因及对策

在温室内,白粉虱一年可发生10多代,环境适宜时开始迁移扩散。防治方法除要求将育苗温室与栽培温室隔离一定距离外,育苗温室在育苗前应彻底清除残株、杂草,用敌敌畏熏蒸残余成虫。育苗过程中要在通风口加上尼龙纱网,以防止外来虫源进入。在发生初期,可在温室内张挂镀铝反光幕驱避白粉虱,或在温室内设置涂有10号机油的橙黄色板诱杀成虫。在白粉虱发生初期,应及时喷药以降低虫源数量。25%扑虱灵可湿性粉剂2 500倍液或10%扑乱灵乳油1 000倍液等药剂对防治白粉虱有特效。其他防治螨类害虫的药剂也可选择应用。

▶ 第五节 种苗的贮藏与运输

一) 苗木贮藏

起苗后如不能立即栽植,需妥善贮藏,以保持苗木活力。常用的贮藏方法有假植、窖藏、坑藏、低温库贮藏。

假植是将苗木根系用湿润土壤进行暂时埋植,以防根系干燥,保护苗木活力。可分为临时假植和越冬假植两种。起苗后,不能立即栽植,而要进行短期假植的,称为临时假植,一般不超过 10 天。凡秋季起苗后当年不能栽植而要假植越冬的,称为越冬假植或长期假植。

低温库贮藏就是在起苗后,将苗木保存在低温库内,一般温度控制在 0~5 ℃,相对湿度保持在 85%以上,通风良好。苗木低温库贮藏效果较好,可使苗木保持休眠状态,生理活性降低,推迟苗木萌发,延长造林时间。

二) 苗木运输

商品苗木的地区间流动随着商品性生产的发展,特别是植苗业的发展、育苗技术和交通条件的改善而蓬勃开展。工厂化异地育苗、运输,可发挥技术优势,为异地培育质优、价廉的苗木。组培快繁苗要求集约化程度高,对设施及技术要求严格。建设较完善的苗木繁育设施及掌握快繁技术难度较大。技术优势较强的地区发展组培快繁育苗业,有广阔的市场空间,也会有较好的经济效益和社会效益。此外,异地育苗、运输可节约育苗能耗,降低苗木成本。可利用纬度差、海拔差或地区间小气候差异进行育苗,节约育苗能耗,降低苗木成本。例如我国春季南北之间温差很大,在南方可以用露地或简易保护地育苗时,北方可能还要在加温温室育苗,利用这种差异发展异地育苗运输是可行的。也可在夏季气候比较温和的地区进行夏季栽培育苗,或在海拔较高的山区进行秋季延迟栽培

育苗,可减轻苗期病害的发生,提高苗木质量。

进行异地育苗运输须考虑:首先,经济上是否合算,育苗成本+运输费用+最低的利润≤用户在当地培育同等质量苗木所需的成本费;其次,苗木须有较高的技术含量,品种优良、对路,苗木质量好;再次,具有稳定而畅通的销售渠道、适合的包装和运输条件。异地育苗、运输还应掌握以下技术环节:

(一)育苗方法及苗龄

为便于运输,育苗方法必须注意。无土育苗一般水培及基质(沙砾、炉渣等做基质)培都可以应用,但起苗后根系全部裸露,须采取保湿及保护等措施,否则,经长途运输后成活率会受到影响。采用岩棉、草炭作为基质,保湿及护根效果较好。穴盘育苗法基质使用量少,护根效果好,便于装箱运输,近些年来推广应用较多。一般远距离运输以小苗为宜,尤其是带土的苗木。小苗龄植株苗小,叶片少,运输过程中不易受损,单株运输成本低。但是,在早期产量显著影响产值的情况下,为保护地及春季露地早熟栽培培育的苗木需达到足够大的苗龄,才能满足用户要求。

(二)包装、运输工具和运输适温

1.包装

苗木公司需制作有本公司商标的包装箱。用包装箱运苗,包装箱质量可因苗木种类、运输距离不同而异。近距离运输,可用简易的纸箱或木条箱,以降低包装成本;远距离运输,要多层摆放,充分利用空间,应考虑箱的容量、箱体强度,以便经受压力和颠簸。

2.运输工具

根据运输距离选择运输工具,同一城市或同一技术区、乡内,可用拖拉机、推车或一般汽车运输;远距离运输需依靠火车或大容量汽车,用具有调温、调湿装置的汽车最为理想。育苗工厂可将苗木直接运至异地定植场所,无须多次搬动,减少苗木受损。对于珍贵苗木或有紧急时间要求者也可空运。

3.运输适温

一般植物苗木运输需低温条件(9~18 ℃),果菜苗木(番茄、茄子、辣椒、黄瓜等)的运输适温为 10~21 ℃,低于 4 ℃或高于 25 ℃均不适宜。结球莴苣、甘蓝等耐寒叶菜苗木的运输适温为 5~6 ℃。

(三)运输前准备

确定具体起程日期,并及时通知育苗场及用户。注意天气预报,做好运输前的防护准备,特别在冬春季,应作好苗木防寒防冻准备。起苗前几天,应进行苗木锻炼,逐渐降温,适当少浇或不浇营养液,以增强苗木抗逆性。

运输前苗木包装工作应加速进行,尽量缩短时间,减少苗木的搬运次数,将苗损伤减少到最低限度。

为了保证和提高运输苗的成活率,应注意苗的根系保护及根系处理。一般的水培苗或基质培苗,取苗后基本上不带基质,可数十株至百株(视苗大小而定)扎成一捆,用水苔或其他保湿包装材料将根部裹好再装箱。穴盘育的运输带基质,应先振动苗木,然后将苗取出,带基质摆放于箱内;也可将苗基部营养土洗去后,蘸上用营养液拌和的泥浆护根,再用塑料薄膜覆盖保湿,以提高定植后的成活率及缓苗速度。

(四)运输

运输应快速、准时。远距离运输中途不宜过长时间停留。运到地点后,应尽早交给用户,及时定植。如用带有温湿度调节装置的运输车运苗,应注意调节温湿度,防止过高、过低温湿度危害苗木。

第七章 园林植物工厂化育苗案例

一 乌桕

乌桕(图7-1)是大戟科乌桕属植物。落叶乔木,高可达15米,各部均无毛而具乳状汁液。乌桕是典型的阳性树种,对光照、温度均有一定的要求,在年平均温度15℃以上、年降水量在750毫米以上地区均可栽植。对土壤的适应性较强,在红壤、黄壤、黄褐色土、紫色土、棕壤等土中,从砂到黏不同质地的土壤,以及酸性、中性或微碱性的土壤中,均能生长,是抗盐性强的乔木树种之一。乌桕要求有较高的土壤湿度,能耐短期积水,且有一定的抗风性,但不耐干旱瘠薄。在海拔500米以下当阳的缓坡或石灰岩山地生长良好。此外,乌桕对有毒氟化氢气体有较强的抗性。乌桕的工厂化育苗技术如下:

图7-1 乌桕

(一)种子采集和处理

为确保乌桕种子采集的质量,应选择树龄在 15~20 年、所在立地条件良好、生长旺盛、树干通直、无病虫害、结实量大、采光较好的优良母株作为采种母树。11 月中下旬果壳脱落露出洁白种子时为最佳采种期。选择晴天立即采种,用雨布等材料铺在树冠下的地面上,用高枝剪采摘或用竹竿敲打树枝,种子落地后集中收取。采下的种子脱粒后进行筛选,去除杂质及劣质种子,晒 3~5 天后放入麻袋中,或装入大木桶中,置于通风干燥的室内贮藏,以待次年春季播种。贮藏中要防止发热和鼠害。

(二)苗床准备

乌桕育苗对苗圃地有较高的需求,苗圃地应选土壤深厚、疏松肥沃、排水良好和阳光充足的地方。苗圃地选好后,通常在上一年秋冬季进行深耕处理,深耕厚度一般在 0.35 米,同时采用 3%硫酸亚铁药剂混入土壤中进行消毒,并且需要注重土壤混合的均匀性,以实现良好的灭菌效果。同时,应注重底肥的应用,在苗床中施加足够的底肥,采用农家肥作为底肥,施农家肥 15~30 吨/公顷,使基肥能够持续发挥作用。若存在营养元素不足的情况,还应施加复合肥进行补充,肥量控制在 750 千克/公顷左右,确保底肥中营养元素的均衡。深耕耙晒杀菌后,再耙成细土做成苗床,苗床宽度为 1.4 米,高度为 0.25 米,苗床要求平整、透气,为乌桕播种育苗提供良好的条件。

(三)催芽

乌桕播种时间集中在 3—4 月,播种前需要对乌桕的种子进行催芽处理,提高种子的发芽率。乌桕种子具有明显的休眠习性,形成这一习性的主要原因是乌桕种子的种皮及胚乳存在发芽内源抑制物。因此,一般采用湿沙层积催芽法解除种子休眠。具体处理方法如下:用 60 ℃的温水对种子进行浸泡,水中应添加适量的草木灰,浸种时间为 10 小时;对种子进行搓洗,使白色的种子暴露出来。为提高种子的发芽率,再对乌桕种子进行催芽,因催芽时间较长,需要采用湿沙层积进行催芽,时间在 30 天左右,催芽是保证种子发芽率的有效方法,故需要对催芽工作予以重视。

(四)播种

乌桕冬、春季均可播种。冬播在 11—12 月,采种后即可进行,次年 4月中下旬出苗;春播在 2—3 月,播种 40 天左右可全部出苗。播种采用纵行条播,每床播 4 行,行距 0.3 米,播种时需要对时间进行控制,在规定的时间内完成播种。播种量控制在 135~180 千克/公顷,确保播种量的充足。同时,需要对播种的行距进行控制,行距一般在 30 厘米左右,避免乌桕过于密集,确保乌桕具有良好的生长环境,防止出现相互遮掩光照的情况,并保证每株植株的营养成分的充足,避免出现相互竞争养分的情况。需要注意的是,播种前应对种子进行杀菌,采用 1%的高锰酸钾作为杀菌剂,将种子浸泡 10 分钟左右,使种子得到全面杀菌,防止种子受到病菌的影响。播种后需要进行覆土操作,覆土厚度为种子直径的 2~3 倍,确保种子得到完全覆盖。接着,需要进行浇水,为种子补充发芽所需的水分,使苗床保持湿润的状态,提高苗床生长条件的稳定性。浇水过程中,需要避免对覆土造成较大冲击,否则会冲走表面的覆土,使种子暴露在空气中,导致种子的出苗率不高。

(五)合理修枝

乌桕需要做好修枝工作,使其具有良好的枝干条件,并且按照指定的形状进行生长。乌桕生长过程中,容易形成多个顶梢,对主干的生长具有一定的影响,故需要做好顶梢的修剪工作,确保乌桕能够沿着主枝方向生长,保障乌桕具有良好的树形。乌桕修剪过程中,需要着重于侧枝的修剪,降低侧枝对主干生长的抑制作用,为主干的生长提供良好的先决条件。实际上,乌桕的顶芽优势并不明显,因此对侧枝进行修剪具有重要意义。修剪时应将不必要的嫩芽剔除掉,同时加强对顶芽的保护,降低侧枝生长对营养的消耗,使乌桕具有良好的生长条件。对于顶端生长不良的主枝,可以采用嫁接的方式,将小苗嫁接到主枝部位,使主枝以嫁接苗的方式进行生长,避免出现无法生长的情况。嫁接过程中,需要做好绑扎工作,防止嫁接部位发生脱落,导致嫁接部分无法存活。因此,修剪与嫁接是改善乌桕生长形态的有效方法,可以保障乌桕的良种壮苗能够满足栽植需求。

（六）病虫害防治

1.农业防治

农业防治是防治病虫害的重要措施,乌桕种子播种前,需要选择抗病能力较高的树种,降低病虫害的发生率,使病虫害的影响降至较低水平。同时,需要加强对苗床处理,定期对苗床中存在的杂物进行清除,如枯枝、碎石等,消除病虫害藏匿的场所,使病虫害问题得到充分的解决。另外,需要加强乌桕的水肥管理。长势茂盛的乌桕,有着较强的抗病能力,能够将病虫害的影响控制在较低水平,避免出现病虫害无法掌控的情况。农业防治对环境的影响较小,能够提高病虫害的防治效果,通过农业手段清除病虫害,可以提高病虫害的防控力度。

2.物理防治

物理防治是一种无害化技术,具有良好的病虫害防治效果。①定期对乌桕的病害情况进行检查,剪除有病虫害的部位,提高防治效果,使病虫害能够得到一定程度上的控制。②注重防治技术的应用,如黑光灯、粘虫板等,对害虫进行诱杀。以黑光灯为例,能够利用害虫的趋光性,将害虫诱杀在容器内,对害虫进行集中消灭,减少害虫数量。采用黑光灯杀虫时,每3公顷需要布置1盏灯源,对乌桕进行全面的防护。

3.化学防治

采用喷洒化学药剂的方式,实现短期内病虫害的灭杀。乌桕是乡土树种,病虫害较少,较严重虫害有乌桕毛虫和乌桕卷叶蛾。乌桕毛虫为害树叶及嫩枝,乌桕卷叶蛾主要造成卷叶,可人工诱杀,或在幼龄期喷洒50%辛硫磷乳油1 000~1 200倍液。发生刺蛾类危害时,可用80%敌敌畏乳油进行叶面喷洒。

二 三角梅

三角梅(图7-2)是光叶子花和叶子花的统称,属于紫茉莉科叶子花属,为常绿攀缘状灌木。原产于巴西,主要分布于中国、巴西、秘鲁、阿根廷、日本、赞比亚等国家。三角梅喜湿,怕积水,耐高温、干旱,忌寒冻,喜

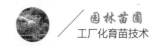

肥,抗贫瘠能力强,在稍偏酸性或稍偏碱性土壤上均可正常生长。花入药,调和气血,治白带、调经。是观赏价值较高的花卉植物,园林应用非常广泛。三角梅的工厂化繁殖采用的是三角梅组培苗水培生根快繁技术,以三角梅当年生茎段为外植体,接种于培养基上,诱导丛生芽;将增殖苗壮苗后进行水培生根,再移栽炼苗,利于缩短组培周期,降低生产成本。

图7-2　三角梅

(一)外植体及消毒

采取三角梅当年生无病虫害、芽饱满的半木质化带芽茎段,含2~3个饱满芽。

将采集的三角梅带芽茎段基部用浓度为 1 毫克/升的 GA3 浸泡 1 小时→将其置于浓度为 0.5% 的洗衣粉溶液中浸泡 10 分钟→置于流水中冲洗 1 小时→在超净工作台上用浓度为 75% 的酒精浸泡 30 秒,再用 0.1% 的有机汞溶液消毒 18 分钟→无菌水冲洗 5~6 次→将外植体置于无菌滤纸上吸干多余水分,得到消毒后的外植体。

(二)丛生芽诱导

培养基配方为:MS+6-BA 2.0 毫克/升+NAA 0.5 毫克/升+蔗糖 25 克/升+琼脂 5.8 克/升,pH 5.8,15 天后产丛生芽,30 天后统计丛生芽诱导率为97.8%,增殖系数 7.8。以后每 20 天转接一次,连续转接 3 次后,得到大量的长度为 3~5 厘米的丛生芽。

丛生芽诱导时,室内培养条件:温度(24±1)℃、湿度 75%~85%、光照 14~16 小时/天、光照强度 2 000~2 500 勒克斯。

(三)壮苗与炼苗

当丛生芽伸长至 3 厘米及以上时,将诱导的丛生芽切成单株,接入培养基 MS 空白(不添加任何激素)上,每瓶接 4 株,暗培 10 天后,再放入培养条件为温度(24±1)℃、湿度 75%~85%、光照 14~16 小时/天、光照强度 2 000~2 500 勒克斯的培养室内,培养 15 天后,植株生长健壮。壮苗高 3~5 厘米,茎粗 1.5~2.0 厘米。

对壮苗进行炼苗,时间一周,条件控制为温度(24±1)℃、湿度 80%~90%、光照 12 小时/天、光照强度 3 000~3 500 勒克斯。

(四)水培生根

选取苗高 3~5 厘米、茎粗 1.5~2.0 厘米的试管苗进行水培生根,温室大棚温度控制在(24±1)℃、湿度 80%~90%、光照 12 小时/天、光照强度 3 000~3 500 勒克斯。炼苗一周后,打开瓶盖取出试管苗,剪去基部的叶片和愈伤组织,保留 3~4 片叶,清水洗净试管苗上黏附的培养基,将试管苗放在报纸上滤水,再分别放入配好的不同浓度的生长素溶液中浸泡 1 小时,然后放入盛水的穴盘里水培生根,每天用 800 倍多菌灵溶液喷洒叶面一次,每天换清水一次,保持水的清洁。

(五)移栽

从水溶液中轻轻取出生根后的三角梅植株,不伤害根,去掉基部长势茂盛的叶片,上盆至两种基质中,一种是普通的松软的壤土,保证它的透气性,一种是珍珠岩与泥炭 1:1 的混和物,每盆一株。第一天浇透水,以后见干见湿,每天可洒水于叶面保证湿度,移栽三周后成活率基本上不变(根据新叶是否展开、植株长势是否正常来判断是否成活)。

三 橡皮树

橡皮树(图 7-3)别名橡胶树、巴西橡胶,原产于印度和马来西亚,为桑科榕属常绿乔木,叶片肥厚宽大,色彩浓绿,顶芽鲜红,托叶裂开后恰似红缨倒垂,颇具风韵,观赏价值极高,是著名的室内观叶、美化布置和园林绿化树种。橡皮树喜欢温暖湿润的生长环境,一般生长温度 15~

35 ℃,夏季的炎热高温期需要适度遮阳,冬季温度不低于 5 ℃即可安全越冬。

图7-3　橡皮树

橡皮树常采用扦插或高压法繁殖,成活率较高,但繁殖速度慢,所需母本材料较多,造成资源的极大浪费,不能满足市场需求,这使橡皮树的发展受到极大限制。采用组织培养方法,比扦插繁殖可节省大量的繁殖材料,短期内即可达到大量增殖的目的。另外,组织培养不受季节的限制,可周年试验连续工厂化生产,满足市场需求。组培苗可保留母本优良性状,抗逆性强,生长势旺盛。

(一)选取外植体及消毒

选取生长健壮、无病虫害的盆栽橡皮树植株,切取当年生嫩枝或茎尖作为外植体。将外植体去掉叶片及叶柄,剪成带顶芽和腋芽的茎段,长 3~5 厘米。先用中性洗洁精溶液浸泡 10~20 分钟,自来水冲洗 20~30 分钟,冲掉切口处白色胶状物质,然后用 0.1%安多福(PVP-Ⅰ)消毒液浸泡10 分钟。在超净台上将预处理后的外植体用75%酒精表面消毒 30 秒,无菌水冲洗 3 遍,再用 2%次氯酸钠浸泡振荡灭菌 10~15 分钟或用 0.1%升汞溶液灭菌 10~15 分钟,无菌水冲洗 3~5 遍,滤去无菌水后,滤纸吸干备用。

(二)茎尖诱导培养

将橡皮树茎尖最外层去除苞叶后消毒,剥去茎尖苞叶至第 4 片叶片,将下切口至节处留 0.5 厘米并切成 45°角后,接种在 MS+BA 2 毫克/升+IAA 0.2 毫克/升或 MS 基本培养基+6-BA 1.0 毫克/升+NAA 0.1 毫克/

升+蔗糖 30 克/升+琼脂粉 6 克/升诱导培养基上,将接种的外植体置于温度(22±1)℃、光照 14 小时/天、光照强度 1 500~2 000 勒克斯的培养室内,培养 10 天后,橡皮树茎尖下切口处周围形成团状黄色愈伤组织,连续培养 20 天后,愈伤组织逐渐膨大,培养至愈伤组织长至 2~3 厘米。

(三)丛生芽诱导培养

将长至 2~3 厘米的愈伤组织切除基部疏松的愈伤组织后,转接到MS基本培养基+ZT 2.0 毫克/升+NAA 0.1 毫克/升+蔗糖 30 克/升+琼脂粉 6 克/升丛生芽诱导培养基上,置于温度(1~3)℃、光照 12 小时/天、光照强度 2 000~3 000 勒克斯的培养室内,30 天后, 愈伤组织上分化丛生芽(通过 30 天培养诱导单芽,平均诱导丛生芽增殖系数达到 20.2),橡皮树组培苗开始形成。

(四)丛生芽增殖继代

将丛生芽接入 MS 基本培养基+ZT 2.0 毫克/升+NAA 0.1 毫克/升+蔗糖 30 克/升+琼脂粉 6 克/升丛生芽增殖继代培养基上,置于温度(25±1)℃、光照 12 小时/天、光照强度 2 000~3 000 勒克斯的培养室内,每 30~40 天继代转管一次, 继代 5 次生成生长健壮的试管苗。(在继代第 5 次时,其丛生芽增殖系数平均达到 28.5。)

(五)壮苗生根

将生长健壮的试管苗采用 MS 培养基进行生根培养,30 天后长成带根的橡皮树幼苗。

(六)炼苗移栽

将带根的橡皮树幼苗进行炼苗移栽,即培养成橡皮树组培苗。

四 美国紫薇

美国紫薇(图 7-4)新叶深红色,老叶绿色。7 月初始花,花期可达 4 个月,花鲜红色,俨如一团火球,甚是耀眼。花在晴热天为猩红色,多云凉爽天气则为亮红色,有时还带有白色的边,美丽多彩,是极其少见的大红紫薇品种。花后及时修剪,可多次开花。耐旱,可耐-23 ℃的低温,抗病性较

强。是制作盆景、桩景的良好材料,可孤植或丛植。一般采用扦插繁殖。

图7-4　美国紫薇

(一)扦插介质的选择和遮阳网的架立

美国紫薇的扦插在大棚中进行,对扦插介质的要求是疏松、透水、透气、不含杂草和病菌。通常介质或多或少带有病虫,选用黄心土作为栽培基质,加水使介质湿润,然后加入敌克松 500 倍液消毒。于 5—6 月时在苗床上方架立遮阳网,遮阳网的遮光率保证在 75%。每块网之间要用布条或细铁丝连起来,确保不要让大块的阳光直射到苗床上,以免烧苗。

(二)穴盘扦插

1.春季硬枝扦插

2—3 月采取 8~10 厘米长的一年生枝扦插。

2.生长季扦插

在 5—6 月选用健壮的半木质化枝条作为插穗,插穗选用一节一芽、长度为 3~5 厘米的健康枝条,基部削成马耳形斜面,剪口贴近芽眼或破芽,粗穗条削成双斜面,按粗度、花色分级。用全光照系统喷雾扦插。

3.叶插

采用一叶一芽技术,所取材料只需要 1~2 厘米,一般 4~15 天就可以生根发芽,全年可繁殖,繁殖系数高。

对育苗盘采用 1 000 倍高锰酸钾溶液浸泡 3~5 分钟进行消毒, 然后将其放置到苗床上。

扦插之前采用 500 毫升/升萘乙酸溶液对插穗基部 1~2 厘米进行快速浸蘸 2~3 秒处理。扦插深度为枝条总长度的 2/3，每穴可插 1~2 根插穗,扦插后喷洒多菌灵 600 倍液,浇透水。(图 7-5)

图7-5 扦插育苗

(三)扦插后管理

进入 7 月以后,遮阳网的遮阳率保证在 75%~90%,扦插后覆膜,温度应控制在 25~28 ℃,湿度在 90%~100%,进行病虫害防治。温度超过 38 ℃时要及时喷水降温。病虫害防治采用 800 倍甲基托布津进行喷洒,每 10 天喷洒一次。

(四)通风炼苗

扦插 20 天后,根据生根状况逐渐通风炼苗。在 80%的插穗生根后,将薄膜在 2~4 周内逐渐掀开,进入 9 月份以后去除遮阳网,去除薄膜后,加强肥水管理和病虫害防治。通风炼苗主要是为了防止因覆膜导致湿度过大,造成黑根烂根。第一周每隔一天将薄膜两头打开进行通风,到第二周将薄膜的一半掀起,到第三周逐渐掀开,直至将薄膜完全去除。这个过程中如果发现插穗根部很干,要及时补水。

五 红枫

红枫(图7-6)是槭树科槭属鸡爪槭的一个品种。原产于中国江苏、江西、湖北等地。落叶小乔木,树高2~4米,枝条多细长光滑,偏紫红色。叶掌状,5~7深裂纹,直径5~10厘米,裂片卵状披针形,先端尾状尖,缘有重锯齿。花顶生伞房花序,紫色。翅果,翅长2~3厘米,两翅间呈钝角。早春发芽时,嫩叶艳红,密生白色软毛,叶片舒展后渐脱落,叶色亦由艳丽转淡紫色,甚至泛暗绿色。性喜湿润、温暖的气候和凉爽的环境,喜光但忌烈日暴晒,属中性偏阴树种,较耐阴。对土壤要求不严,适宜在肥沃、富含腐殖质的酸性或中性沙壤土中生长,不耐水涝。

图7-6　红枫

红枫是一种非常美丽的观叶树种,其叶形优美,红色鲜艳持久,树姿美观,广泛用于园林绿地及庭院做观赏树。

红枫可以采用播种、扦插、嫁接等多种方式繁殖,但在苗圃育苗的过程中,一般都是用嫁接或者扦插育苗。(图7-7)

(一)嫁接繁殖

1.砧木选择

可以选择2~4年生鸡爪槭实生苗作为砧木。

2.嫁接方式

切接在3—4月进行,靠接在5—6月梅雨季节进行,每年的5月至6

图7-7　红枫育苗

月下旬或秋后的 8 月至 9 月下旬是芽接的好时间。

3.嫁接方法

夏季是红枫的生长繁茂的时候,选择健壮饱满的短枝条作为接芽。接好后,由于夏季的气温很高,所以要用塑料带进行绑扎,定期在早晚喷雾来进行保湿,提高树苗的成活率(秋季也可以进行,方法是一样的)。接好一周后,若叶柄一触即落,就说明已成活,否则要补接。

(二)扦插繁殖

1.制备基质

将珍珠岩与草炭土按照重量比为 5:1 的比例进行混合,采用高锰酸钾与水重量比为 1:800 的高锰酸钾溶液对其浸泡 24 小时,用清水冲掉高锰酸钾后获得基质,备用。

2.插条的选择及预处理

一般在春季 3—4 月选择母体树冠中上部外层半木质化、侧芽饱满、生长健壮、无病虫害的一年生枝条进行剪穗,粗度为 0.2~0.3 厘米,剪接插穗长度 8~10 厘米,保留 2 个芽、2 片叶片,扦插枝条的上端剪平,距上部芽 1 厘米,下部斜剪 45°角,剪口平滑。50 根或 100 根扎成一捆,置于清水中保湿。

3.制备培养液

将吲哚乙酸与浓度为 90%的酒精按照重量比为 1:5 的比例均匀混合后,获得培养液或 500 毫克/升萘乙酸(NAA)。

4.浸泡

将扦插枝条置入培养液中浸泡,液面高度为 2.5 厘米,浸泡时间为 0.5~1 小时。

5.扦插

将浸泡后的扦插枝条埋入基质中,埋入深度为扦插枝条长度的 2/3 即可。

6.养护

扦插完立即用细孔洒水壶浇一遍透水,并喷施一遍百菌清 500 倍液。后面浇水采用喷洒方式:在 0~6 天内,每间隔半个小时喷洒一次,每次喷洒持续时间为 3 秒;7~15 天,每间隔 1 个小时喷洒一次,每次喷洒持续时间为 5 秒;15 天后,每间隔 2 个小时喷洒一次,每次喷洒持续时间为 10 秒;随着扦插时间的延长,浇水频率可逐渐减少;养护 15~20 天以后,根据生根情况喷洒生根剂一次,以促进根系生长,其中,所述生根剂为速生根与水按照重量比为 1:5 的比例混合而成。

扦插后 30 天内,保持白天温度 20~25 ℃,夜晚温度 10~15 ℃。30 天后,保持白天温度 25~30 ℃,夜晚温度 15~20 ℃。

扦插过程中及时清除杂草。扦插约 30 天插穗生根时,追施叶面肥。前期喷施 0.2%~0.5%的尿素溶液促进枝条生长,后期喷施 0.5%~1.0%的磷酸二氢钾溶液促进枝条增粗和木质化。

(六) 金叶复叶槭

金叶复叶槭(图 7-8),别名黄刺条,槭树科槭属,高大乔木,树高可达20 米,羽状复叶,叶色柔和,春季呈金黄色。耐盐碱,耐-45~-40 ℃低温。复叶槭类植物若采取种子繁殖,其后代变异大,将导致自然状态下的植物体本身拥有的优良状态难以表现,因此,金叶复叶槭多采用嫁接或扦插方法繁殖,软硬枝扦插均可。

(一)嫁接繁殖

1.枝接

砧木选用北美复叶槭,以早春
嫁接与秋季嫁接为好。时间一般选
择在 3 月树液流动时进行,采用切
接或劈接方法。多选用直径 2 厘米
左右的砧木,接穗的长度为 5~8 厘
米,有 2~3 芽为宜,且切削深度占接
穗粗度的 1/3 左右,切面长为 2~3
厘米。切削砧木时,切忌生硬掰劈,
要用利刀下切,在接穗最下一个芽
的侧面或背面下刀,向内切入木质

图7-8　金叶复叶槭大苗

部,随即向下快速切削到底。切削时,尽可能不回刀(不重复切削)。此外,
切削要带木质部,否则易使干皮削落而无法插入接穗,但携带的木质部
不宜过多,过多会导致形成层与接穗的接触面积过少,使成活率降低。在
砧、穗削切完成后,应尽快地将接穗以大斜面向内插入砧木切口,尽可能
使砧、穗形成层对齐(密接),并用塑料条将砧木和接穗自下而上缠扎。绑
扎时,注意避免触碰接穗。绑扎后,可用塑料食品袋或塑料薄膜将接穗自
上而下包严,并以露出上部 1 个芽为好,相对于套袋,塑料薄膜的效果会
更好。

2.芽接

芽接一般选择在树木生长旺盛、树皮容易剥落、芽片易剥落的 5 月中
旬至 9 月上旬进行,其中以 5 月中旬至 6 月中旬为最佳时期。嵌芽接,俗
称带木质芽接,先从穗枝的芽上方 0.5~1 厘米处呈 45°下刀斜切木质部少
许(带木质部不宜太厚,一般深达木质部 0.3~0.5 厘米为好,木质部太厚,
会影响成活率),再在距芽眼 0.5 厘米处,带木质部向下缓斜直削,与下端
横切口相交,取下芽片。接口大小与芽片大小相当为好,随后将芽片嵌入
砧木切口,对齐形成层,嵌好后,用塑料带捆绑保湿,绑扎时注意露出接

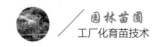
芽。嫁接完成后,在接口上方 1 厘米处剪砧,待接口愈合牢固、嫁接成活后,可解除塑料带。

(二)扦插繁殖

一般在秋季苗木落叶后进行插穗采集,选择一、二年生的无病虫害、生长健壮的枝条,插穗要长 15~20 厘米,粗 1 厘米以上。取条时间在无风的早晚或阴天为好。在取条后,要对母树喷施敌克松、多菌灵等杀菌剂,对母树进行消毒保护。将插穗捆扎成 50 根或 100 根一捆,用 100 毫克/千克的 ABT 生根粉、吲哚乙酸、吲哚丁酸等对插穗浸泡一昼夜,浸蘸深度不宜超过 1.5 厘米,切忌全枝条扔进溶液内浸泡。选择背风向阳的畦地,把经过处理的插穗倒立放于畦内,覆盖 5 厘米厚的细沙,适量喷水,并用薄膜覆盖床面,夜间用草帘覆盖保湿,保持室温在 15~25 ℃。经过 10~15 天的催根处理后,当插穗皮部形成根原基突起时,则可以取出进行扦插。扦插一般在 3 月下旬至 4 月上旬进行,定点挖穴扦插,扦插深度不宜超过 3 厘米,采用直插的方式,插前可用多菌灵水或敌克松溶液浇湿基质,或用打孔器打孔后再插,避免损伤插穗皮层。苗木成活后,要加强中耕、除草、浇水等田间管理。

(三)栽培注意事项

1.水肥管理

金叶复叶槭栽裸根苗以春季和秋季落叶后进行为好,最好选择肥沃疏松的砂质土壤,地势高且干燥的地块。栽种时,要注意保持根系的完整,不窝根,栽培深度以根颈与地面相平为宜,不宜过深。金叶复叶槭是强光树种,喜肥,耐旱,耐寒,怕涝,对水肥要求高,生长速度极快。因此,要施足基肥,基肥以腐熟的农家肥并加入少量的饼肥较好,栽培期间要保证水肥的供给,雨季做好排涝措施。

2.修剪整形

金叶复叶槭易出现"大头"现象,使得枝干弯曲。因此,要在定植行内,每相隔 30~50 米立柱上拉 2~3 根铁丝,在每株金叶复叶槭栽植时插入一根细竹竿,将苗木绑缚在竹竿上,固定于铁丝上。并且每隔一段时间,要松下绑缚物,避免缢伤树干。此外,金叶复叶槭萌蘖力强,繁殖快,要注意及时抹芽修剪,修剪选择在生长季节进行,落叶后至休眠期停止修剪,以免引起伤流现象。并要对金叶复叶槭进行定干,择取直立性强的主干,统一定干高度,及早定干,使其形成良好的冠形。

3.病虫害防治

金叶复叶槭苗圃内要注意防治蚜虫、黄刺蛾、天牛、大蓑蛾。对于黄刺蛾虫害,可喷施 40%的辛硫磷乳油 1 000 倍液、90%的晶体敌百虫 10 000 倍液、20%的杀灭菊酯乳油 2 000 倍液进行防治;对于天牛,可用辛硫酸、西维因、溴氰菊酯进行树冠喷雾来防治成虫,用西维因毒麦秆、磷化锌毒签等防治木质部幼虫,用乐果树干点喷防治初孵幼虫等。

七 一品红

一品红(图 7-9)又叫圣诞红、老来娇,是隶属于大戟科大戟属的灌木。原产于中美洲,广泛栽培于热带和亚热带。中国绝大部分省、区、市均有栽培,常见于公园、植物园和温室中,供观赏。一品红为常绿灌木。茎直立,含乳汁。叶互生,卵状椭圆形,下部叶为绿色,上部叶苞片状,红色。花序顶生。一品红是短日照植物,喜温暖,一般适温为 18~25 ℃,4—9 月为 18~24 ℃,9 月至翌年 4 月为 13~16 ℃,冬季温度不低于 10 ℃;喜湿润,一品红对水分的反应比较敏感,生长期需要水分供应充足;喜阳光,在茎叶生长期需充足阳光,促使茎叶生长迅速、繁茂。花果期 10 月至次年 4 月。植株有轻微毒性。茎叶可入药,有消肿的功效,可治跌打损伤。

图7-9　一品红

一品红的繁殖方法有扦插、压条、组培等。

(一)扦插前的准备

1.场地的准备

选择朝阳、平坦、不积水、透水性好、四周无遮阳的温室。温室外覆盖遮阳网,保证气密性并调节好温湿度。温室在有苗生产前清扫干净,并用1%~2%福尔马林溶液对棚室骨架、辅助设施、生产工具等均匀喷洒或洗刷,密闭消毒。

2.穴盘的准备

穴盘规格为 128 穴。使用过的穴盘再次使用前需消毒。用 600 倍多菌灵、800~1 000 倍杀而灭等杀菌剂洗刷或喷洒,之后用清水冲洗 2~3 次,也可用 0.3%~0.5%高锰酸钾溶液浸泡消毒。

3.基质的选择

选取花泥为基质,用刀片将花泥切割成上底为 2 厘米×2 厘米左右,下底为 1.5 厘米×1.5 厘米左右,高为 2.5 厘米左右,4 个侧面为等腰梯形的四棱台。将切割好的四棱台形花泥(与相应穴盘大小规格相当)放入消毒水中充分浸泡,浸泡时间不少于 3 天。或使用蛭石、小粒珍珠岩、纯河沙、细草炭土或其混合物,施恶霉灵药液进行杀菌消毒。

(二)插穗的选剪

1.母株的选择

一品红品种的选择根据市场需求及上市期而定,如在夏秋两季选择耐热性较好的平价品种,在冬春两季则选择耐寒抗病性强的中晚熟品种。

选择生长健壮、无病虫害的一品红优良幼龄植株。

2.插穗的选择

选择枝茎粗壮、节间较短、芽体饱满、生长势强、无病虫害的当年生侧枝嫩梢作为插穗。

3.插穗的剪取

老枝扦插于花期过后进行,选用未萌发的老枝,将其剪成 10~12 厘米的插穗。嫩枝扦插于花谢后,把植株放于 20~30 ℃的环境里,盆土和环境相对干燥。进入 4—5 月,对植株换盆,除去部分盆土和老根,减除老病弱枝条,添加新土,提高温度和浇水量,打破休眠,促使萌发新枝,6—7 月即可采穗。采穗前需控水,盆土保持微干状态,以抑制嫩枝生长。插穗采用带生长点的顶端枝段,插条基部的剪口宜选在节下,剪去下部叶片,留上部 2~3 片叶,插穗长 11~13 厘米。容器中倒入 0.3%~0.5%高锰酸钾溶液,在更换母株时更换刀具,并将刀具浸泡在其中消毒,以防止病菌交叉感染。插穗的剪取在适度遮阴的条件下进行,切离母株的插穗在阴凉处放置 1~2 小时,阴干切口,以防止切口处白色汁液流出、病菌侵入而影响成活率。

(三)扦插

①播穗插入花泥 1 厘米左右,或将老枝插穗长度的 1/3~1/2 或嫩枝插穗的 1/2 左右插于基质中。②扦插时,注意切勿伤及插穗皮部,采用与插穗直径相当的小根插在四棱台上表面(较大的正方形那一面)。③插入花泥的插穗摆放在准备好的 128 穴的穴盘中,摆放密度以插穗间叶片互不相叠为宜。④扦插要在适度遮阴的条件下进行。

(四)扦插后的管理

1.保湿

扦插后,可采用黑色遮阳网在正午前后太阳光强烈时适度遮阳,以防止因日照强烈导致叶片失水萎蔫。每天对花泥进行喷雾,以保持花泥始终湿润。喷雾时间、喷雾次数、喷雾量需根据天气、插穗叶片状态调整,以保证插穗叶片不萎蔫下垂、不卷曲为宜。

2.控温

温度控制在(18±2)℃。温度过高可采取遮阴、透风、浇水等措施,温度过低则需采用加温设备加温。

3.防治病虫害

①选取生长健壮、无病虫害的插穗育苗;扦插过程中注意工具消毒;插穗摆放合理,互不遮挡,遮风透光;扦插后肥水适度;及时清理病虫侵

害的小苗。②根据白粉虱等害虫的生物学特性,采用黄色粘虫板等诱杀害虫。③扦插后需立即喷施杀菌剂(如800~1 000倍的百菌清)1次防止病菌感染。对真菌引起的根腐病、茎腐病等可灌施恶霉灵或瑞毒霉防治;灰霉病可喷施灰霉净或用熏蒸剂熏蒸;对细菌引起的软腐病、叶斑病、茎腐病,喷施盐酸四环素或农用链霉素等。

4.补光

扦插可周年进行,但在9月到次年3月(短日照时期)需在扦插育苗场地安装光源对扦插苗进行补光处理,以防止其叶片受短日照而变色。可在傍晚人工补光,使日照延长至16小时/天,或夜间补光2~4小时/天,强度为500勒克斯左右。

5.移栽

(1)基质和花盆的选择。基质由泥炭和珍珠岩按1:1比例混合而成,其中泥炭为一品红专用泥炭。花盆规格:选择直径为12厘米花盆。

(2)上盆。待花泥布满一品红须根,取扦插苗,连同花泥一起移入盛有基质的花盆中央,花泥顶端以刚好没入基质为宜。

八 四季海棠

四季海棠(图7-10)原产巴西,又名四季秋海棠、瓜子海棠、玻璃海棠,为秋海棠科秋海棠属一年生或多年生草本植物,茎高15~30厘米,肉质脆嫩,喜温暖湿润与散射光环境,忌高温多湿的生态条件,夏季尤需凉爽、湿润的环境,生长适温为18~20 ℃,越冬所需温度为10 ℃。地栽特别是盆栽的四季海棠,需要充足的水分与较高的空气湿度。喜疏松、肥厚、排水良好的中性土壤。在传统生产中作为一种多年生的温室盆花,近年来在园林绿化工程中应用得越来越多,工厂化生产具有生产效率高、产品质量好和能够满足数量较大、规格统一的市场需求等特点。

四季海棠一般采取播种、扦插、分株法繁殖。它的种子特别细小(每克有7万颗),宜用盆播。播种期为3—5月或9—10月。四季海棠工厂化育苗(图7-11)采用穴盘播种育苗方式。

图7-10　四季海棠

图7-11　工厂化育苗

(一)播种前的准备

准备符合规格的穴盘,如128、200孔聚氯乙烯塑料穴盘。育苗基质采用进口草炭和珍珠岩(比例为7:3)。准备可移动的苗床,苗床高度一般为

50~70厘米,苗床间要留有活动通道。四季海棠的种子较小,需将种子加工成丸粒化种子。(图7-12)

穴盘　　　　　　　　　　　　　　　　基质

进口草炭　　　　珍珠岩

苗床　　　　　　　　　　　　　　丸粒化种子

图7-12　育苗穴盘、基质、苗床和丸粒化种子

(二)播种

先将基质倒入自动上料箱里自动搅拌,并适时下料,将准备好的穴盘放到传送带上,穴盘进入铺土和覆土装置,基质自动撒落在每个穴盘里,通过穴盘外的吹气管将穴盘两侧多余的基质吹干净,并通过一个斜着放置的细细的滚轴将基质压实,压平整,接着通过一个粗粗的带有棱锥装置的滚轴对准穴盘上的穴孔进行压穴,每个穴孔都被准确地压出一个合适的小坑以便于播种,小坑的深浅可根据需要自行调整。然后,进入播种环节,将丸粒化种子放入种子槽里,种子通过真空吸附作用被吸附到带有小孔的吸轴滚筒上,吸孔的直径为0.01~0.1毫米,每个吸孔只能吸一粒种子,当穴盘过来时,吸轴滚筒旋转到刮板处,种子自动落入穴盘,每

穴一粒,精确播种。播种后,穴盘进入自动喷水装置,水以水帘方式被喷射到穴盘上。

(三)穴盘苗管理

播种后 1~5 天为第一阶段,即发芽阶段。播种后,将穴盘平放到温室内的苗床上,摆好后立即对穴盘进行增温和浇水,直至完全溶解种子的包衣为止。接着在穴盘上平整地覆上一层无纺布,再浇水一次。此期促进发芽出苗,维持温度在 24 ℃左右,空气相对湿度要达到 100%,基质含水率达到饱和状态。播种后 6~10 天为第二阶段,为种子发芽后到第一片真叶的展开阶段。发芽后需要将无纺布掀开,基质含水率要稍低于第一阶段,保持湿润即可。空气相对湿度为 70%~80%。温度为 20~24 ℃。光照为 5 000~10 000 勒克斯。喷施叶肥,即氮磷钾含量比例为 14:10:14 和 20:10:20 的复合肥,两种肥料交替喷施,间隔 2 天喷施一次,浓度为 50~75 毫克/升。可使用定比施肥系统,这样更为准确和便捷。播种后 11~50 天为第三阶段,即从第一片真叶展开到长出 2~3 片真叶的阶段。此期降低湿度,要求不湿不干,温度在 20~22 ℃,光照 10 000~25 000 勒克斯。喷施肥料同第二阶段,但浓度提高到 100~150 毫克/升。注意防控小果蝇和茎腐病,每隔 10 天做一次大规模的预防工作,预防病害使用多菌灵、百菌清等,预防虫害则用高效氯氰菊酯、蚍虫林等。同时,在播种后 30 天左右,由于苗木大小不可能完全一致,需要对苗木进行并盘工作,将大小一致的并到一个盘内,并盘后及时浇水。播种 45 天后,苗木随着长大而变得拥挤,需要进行稀苗,减少苗盘上苗木的数量,留足空间。稀苗后再培养 10 天左右,大部分苗会达到 6 片以上真叶,个别苗出现花苞,进入第四阶段。这一阶段可将苗分为两部分:一部分可用于培养营养钵苗,准备出圃移栽,出圃前需要炼苗 5~7 天,其间要求低温 16~20 ℃,光照时间大于 12 小时/天,最大光照为 25 000 勒克斯,保持见干见湿的状态,施肥方法与浓度同第三阶段。炼苗后拔出苗木容易,苗木根系发达、根白、根毛多,叶片厚实,叶柄短,真叶多,可出圃移栽至营养钵;另一部分则直接出圃做绿化工程苗,不需要炼苗,继续在穴盘里生长 20~30 天,其间温度控制在 20~25 ℃,湿度保持见干见湿即可,光照强度不超过 25 000 勒克斯,小苗

生长到 61~80 天时需要更换肥料(氮磷钾含量比例为 10:30:20 的复合肥,浓度为 150 毫克/升),提高磷的含量,促进开花。

(四)营养钵苗管理

移栽前准备营养钵苗需要在遮阳大棚里进行,遮阳大棚上要覆盖遮光率 60% 的遮阳网,大棚内要有自动浇水、施肥的设施,要准备好培育营养钵苗需要的苗床(图 7-13)、基质和营养钵等。移栽前,除去杂草,平整苗床,覆盖园艺地布。苗床间设置排水沟,深 20 厘米,宽 30~40 厘米。基质选用草炭、松针、珍珠岩,比例为 5:3:2,然后在基质里加入控释肥,用搅拌机充分搅拌 3~5 分钟,拉到苗床上备用。

移栽选用 11 厘米×11 厘米的塑料营养钵。移栽用穴盘苗送到营养钵苗培育基地后,需要放置在遮阳网下过渡适应 1~2 天再移栽。将基质装入营养钵内,装实,基质距钵口 1 厘米,栽植深度以营养钵基质与穴盘苗基质上表面相平为宜,晴天下午 4 点以后或阴天移栽。移栽后经 50 天左右的培育即可长成符合要求的营养钵苗,用于园林景观中地栽或放置在别致的果盆中进行室内美化。立体花坛则需要将营养钵换成卡盆。

图7-13　营养钵苗培育苗床

九　非洲菊

非洲菊(图7-14)是菊科大丁草属多年生被毛草本植物。根状茎短,为残存的叶柄所围裹,具较粗的须根;叶基生,莲座状,叶片长椭圆形至长圆形,顶端短尖或略钝,叶柄具粗纵棱,被毛;花葶单生,或稀有数个丛生,无苞叶;毛于顶部最稠密,头状花序单生于花葶之顶;总苞钟形,花托扁平、裸露,蜂窝状;花冠管短,花药具长尖的尾部;瘦果圆柱形,密被白色短柔毛;冠毛略粗糙,鲜时污白色,干时带浅褐色,基部联合。花期11月至翌年4月。非洲菊原产于非洲南部的德兰土瓦,喜温暖通风、阳光充足的环境。该种花花色丰富,分别有红色、白色、黄色、橙色、紫色等,大而色泽艳丽,可用于切花、盆栽和庭院装饰。

图7-14 非洲菊

非洲菊是世界五大切花之一。近年来,随着国内花卉行业的不断发展,非洲菊种植面积迅速上升,市场需求量与日俱增。由于规模化生产需要大量的种苗,分株繁殖和播种繁殖受自身条件限制,难以满足大规模生产的需要;因此,利用非洲菊的优质种苗进行组织培养和快速繁殖已经成为国内繁殖的趋势。

(一)外植体不定芽的诱导

1.外植体选择

选择生长势强、健壮、无病虫、品种纯正的健壮植株,剪取花梗长2~5厘米、花序直径0.5~1.0厘米的花蕾作为外植体。

2.外植体的预处理、消毒与接种

采集的外植体先在5~10℃低温下保存预处理8~24小时,以降低褐变率,提高诱导率。消毒:先用75%酒精浸泡30秒,再用0.1%升汞(氯化

汞)溶液浸泡 12~15 分钟,最后用无菌水清洗 4~6 次。接种:无菌条件下将消毒的花蕾切为 2~4 块,接种于诱导不定芽的培养基上。封口、编号。

将外植体放在温度 25 ℃左右、光照强度 2 000 勒克斯、光照时间 8 小时/天、相对湿度 70%~80%的光照培养箱或培养室内培养。以 MS 为基本培养基,添加生长调节剂 6-BA 7.0~10.0 毫克/升+KT 0.1~0.5 毫克/升+NAA 0.05~0.10 毫克/升,45~60 天诱导培养出不定芽(诱导时间因品种不同而异)。外植体在初培诱导过程中需每隔 5~7 天转接 1 次,以降低褐变产生的物质对诱导的影响。

(二)增殖培养

1.增殖培养及培养基配方

20~25 天后诱导产生出芽丛后,将芽丛分割进行继代增殖培养,培养基为 MS+6-BA 0.3~0.6 毫克/升+KT 0.1~0.3 毫克/升+ NAA 0.01~0.20 毫克/升,7~14 天开始形成新芽,21 天后新芽增加显著,28 天后芽苗很快老化,影响增殖。非洲菊增殖以 25 天为一个适宜的培养周期。

2.试管苗的转接

在超净工作台上,将培养 23~25 天已形成丛生芽的非洲菊试管苗进行分割,以每块 4~5 个芽为宜。继代时要切去大部分褐变的基部愈伤组织,保留近芽基 1/3 左右的愈伤组织,叶面朝上插在固体增殖培养基上,置于培养室或培养箱内培养。以芽丛方式继代培养,有利于产生较多新芽,苗生长势也较强。

3.试管苗增殖培养条件

培养室(培养箱)温度(25±2)℃,光照强度 2 000~2 500 勒克斯,光照时间 12~14 小时/天,相对湿度 40%~80%。要定期进行清扫和环境消毒,降低污染率。

(三)生根培养

1.生根培养及培养基配方

非洲菊种苗由增殖苗转为生根苗,需进行一次壮苗培养(增加 1 000~1 500 勒克斯的光照,降低或脱除培养中的细胞分裂素),然后进入生根培养,以促进种苗生根和根系发育。从增殖培养苗丛中选出壮苗,切下单棵芽苗接种于 MS+NAA 0.3~0.4 毫克/升+IAA 0.1~0.4 毫克/升的生根培养基中进行生根培养,经 10~15 天即可生根。

2.生根苗的转接

在超净工作台上,将培养 20~25 天已形成丛生芽的非洲菊试管苗进行单株分割,将单株芽苗叶面朝上,插在固体增殖培养基上,置于培养室(培养箱)内培养。

3.生根苗的培养条件

培养室(培养箱)温度为(25±2)℃,光照强度 3 000~4 000 勒克斯,光照时间 12 小时/天,相对湿度 70%~80%。

(四)炼苗移栽

1.种苗栽植

待小苗生根 4~5 条、根长 2~3 厘米时即可炼苗。先打开瓶盖,让其在自然光下适应 1~2 天。再取出组培苗,清水冲洗干净根部培养基,移栽于腐殖土中,并露出生长点,防止感菌腐烂。

2.种苗驯化管理

栽培基质为腐殖土和珍珠岩,比例为 5:1,温度为(30±5)℃,采用 75% 的遮阳网进行遮光,光照强度控制在 20 000~30 000 勒克斯,相对湿度 70%~80%。栽完种苗立即喷施 1%多菌灵或百菌清,以后每隔 10 天喷施 1 次,预防幼苗驯化期病害。待缓苗后喷施 0.1%尿素和 0.1%磷酸二氢钾,促进种苗的生长,以提高种苗质量。炼苗 40~45 天,苗高 6~8 厘米后,即可出圃。

十 蝴蝶兰

蝴蝶兰(图 7-15)为兰科蝴蝶兰属植物。分布于中国、泰国、菲律宾、马来西亚、印度尼西亚等。蝴蝶兰喜暖畏寒,生长适温为 15~20 ℃,冬季 10 ℃以下就会停止生长,低于 5 ℃容易死亡。生于低海拔的热带和亚热带的丛林树干上。蝴蝶兰是单茎性附生兰,茎短,叶大,花茎一至数枚,因

花形似蝶而得名。其花姿优美,花朵艳丽娇俏,有"兰中皇后"美誉,赏花期长,花朵数多,能吸收室内有害气体,既能净化空气,又可作为盆栽观赏,还可用作切花、贵宾胸花、新娘捧花、花篮插花的高档素材,在节日可用于馈赠。

图7-15　蝴蝶兰

蝴蝶兰的繁殖方法有种子繁殖、花梗催芽繁殖、断心催芽繁殖、切茎繁殖以及组织培养繁殖等,其工厂化繁殖方法主要有播种繁殖法和组织培养法。

(一)工厂化生产设施

蝴蝶兰工厂化生产(图7-16)设施要求有准备间、灭菌室、操作间、培

图7-16　蝴蝶兰工厂化生产

养室、通风系统、室内外遮阴系统、室内加温保温系统、湿帘降温系统、活动苗床等。

(二)种苗选择与外植体

蝴蝶兰种苗的选择关系到销售,必须选择市场认可度高、性状优良品种的健壮种苗。蝴蝶兰种苗健壮与否直接影响其出瓶种植后的成活率、生长周期及抗病力,育苗一般从组培瓶苗开始。选用已开花花梗的下端休眠芽和分化苗的叶片作为外植体。将剪去上端花序的花梗剪切成 10~15 厘米,用纯净水冲洗 1~2 小时,在超净工作台上先用 75%酒精浸泡 30 秒,用无菌水冲洗后放入 0.05%氯化汞溶液中浸泡 7~8 分钟,再用无菌水冲洗5~8 次。

(三)花梗

将诱导处理后的花梗切成 2~3 厘米长的段,每段一个侧芽,基部向下插入诱导培养基(1/2MS+BA 2.5 毫克/升+NAA 0.2 毫克/升,此时细胞分裂素偏多)。先放置于培养室进行 7~10 天黑暗培养,然后进行光照培养,光照强度 1 000~2 000 勒克斯,光照 10 小时/天,培养温度 26 ℃。5~10 天后,诱导率在 90%以上。

需要注意的是:在花梗休眠芽的诱导过程中,80%左右的休眠芽萌发后,长成类似花梗侧枝的细嫩梗茎,约 20 天时,待其长至 3~5 厘米、有 2~3 个芽点时,将其切离花梗,并将其重新切成段,基部向下重新放入诱导培养基中,经 10~20 天,下端切口、侧芽、上端切口等部位均出芽,以侧芽出芽率较高,较快地分化出丛生芽,下端切口的出芽率次之,分化频率不高,但启动后出芽较多。

(四)继代增殖

花梗和叶片诱导出丛生芽,接种于继代培养基(1/2MS+BA 3.5 毫克/升+KT 1.0 毫克/升+NAA 0.5 毫克/升+耶乳 10%,此时需加大生长素的浓度),培养温度 26 ℃,光照强度 2 000 勒克斯,光照 10 小时/天,每 40~50 天继代一次,增殖倍数 2~3 倍。继代增殖的初期宜用 5~10 毫克/毫升浓度的 6-BA 较快地积累材料,随着继代次数的增加,特别是 10 代以后或变异株开始出现以后,只能用 6-2BA 促进丛生芽的生长,并在生产中及时

清除变异株。

需要注意的是,丛生芽的增殖生长表现出一定的群体效应:当丛生芽切割成只有 2 个芽时,丛生芽的增殖大大减少,大多数经一个继代周期后几乎没有增殖,但丛生芽有一定的长大;当有 3~5 个芽或更多时,丛生芽的增殖较为正常。切割丛生芽时,只能将丛生芽轻轻分开,不可对丛生芽的四周进行分割,否则会因切割伤口太多而导致培养基褐化较快,不利于丛生芽的生长与分化,甚至会造成丛生芽的死亡。对一些较大的芽(芽高 115 厘米以上,单轴茎直径 0.15 厘米以上)进行横切可以提高增殖率,横切后会在切口的下部长出一轮丛生芽,增殖率可以提高 5 倍。因蝴蝶兰单轴茎较短小,在切割时对切割部位的掌握要准,否则会将芽切死或因没有切去顶芽而达不到应有的增殖率。

(五)生根与炼苗

当芽长至 115 厘米高、2 片叶时,即可转入生根培养基(1/2MS+BA 1.5 毫克/升+NAA 0.3 毫克/升+80 克/升香蕉泥,此时要降低细胞分裂素的浓度,这个阶段主要需要作物生根),光照强度 2 000~3 000 勒克斯,光照时间 12 小时/天。瓶苗生长阶段,最适生长温度白天为 25~28 ℃,夜间为 18~20 ℃,20 天左右开始生根。生根后,将苗置于光照强度 8 000~10 000 勒克斯、光照时间 8~12 小时/天的环境条件下 15~20 天,可以明显提高瓶苗的质量和种植成活率。当苗木高 3~5 厘米、叶片数 5 片时,即可出瓶种植。移植前要逐渐增强光线,经 1~2 周后,瓶内幼苗变得青绿健壮,移出瓶后容易成活。

(六)小苗阶段管理

移栽时使用洁净、疏松、通气、透水且具有一定保水能力的植料。常用水草作基质。需对植料、花盆、工具进行消毒,用 0.1%水杨酸苯胺水溶液浸泡 10 分钟或 0.3%多菌灵溶液浸泡 20 分钟,清水冲洗 3 遍以上。试管苗经新洁尔灭或 0.1%高锰酸钾溶液浸泡 5~10 分钟后捞起晾干,移栽到消毒后的有苗框内植料中,叶片要外露,压紧,以喷水时幼苗不松动为合适。幼苗移栽后 2 天内不能浇水。光照以弱光为主,不宜暴晒,忌烈日直射。温度控制在 20~30 ℃,保持较高的空气湿度。夏季高温时每天喷水 2~

3次。此期，以薄肥勤施为主，切忌施过浓化肥。一周后可薄施无机肥，一般是根外追肥。

（七）中大苗阶段管理

经4个月培育，小苗长成中苗，此时应换盆。控制温度为20~30℃。开花需经历一个月的15~18℃低温才能促成花芽分化。空气湿度60%~80%，盆内不能积水过多。薄肥勤施，切忌施过浓化肥。催花阶段的大苗使用高磷肥，氮磷钾比为10:30:20。在生长期每10天进行一次肥水浇灌。在生长期施氮钾肥，催花期施磷钾肥。每周或半个月施用一次即可。开花期、休眠期不施肥，但在花前期和花后期应注意适当补充肥料。蝴蝶兰一般出瓶18个月后开花。当蝴蝶兰大苗的茎部膨大饱圆时即标志着大苗成熟，此时便可施用开花肥，约一个月后，大苗的叶色由原来的绿色转为浅绿，便可进行促花处理。促花时白天要求20~24℃，夜间17~20℃，低温处理后20~35天即可露出花槌，第2至第3个月开始形成花苞，第4个月开始开花。蝴蝶兰以真菌性病害发生最普遍，其分布广、危害大。常见的病毒性病害有叶斑病、根腐病和炭疽病等，平时可用农药百菌清（此药预防效果好，病菌抗药性低，但对已患病植株无治疗效果）或甲基托布津（此药可防可治，但病菌易产生抗药性，不可长时间单一施用）1 000~1 500倍液防治，每隔7~8天喷一次，连喷三次。

十一 丽格海棠

又名玫瑰海棠（图7-17），秋海棠科秋海棠属，为多年生草本花卉，须根系，全株高15~30厘米。丽格海棠株型丰满，枝叶翠绿，娇美而不娇气，易养易活，即使在寒冷的冬季也能在室内开花。丽格海棠花期长，开花时，花团锦簇，虽无馨香之味，却有动人之姿。丽格海棠的花色丰富，既

图7-17　丽格海棠

有纯红、黄、白、橙、粉等色,亦有黄色镶红边、粉白渐变等复色品种。鉴于上述特点,丽格海棠已成为现代花卉生产中的佼佼者,栽培和消费数量逐年增加。丽格海棠常用的繁殖方法有扦插和组织培养,其中最主要的繁殖方法是扦插。

(一)母株管理

所有新引进的丽格海棠母株,需在温室内缓苗 3 周。第 4~30 周是采集插穗的时间,超过 30 周的母株已老化,此时采集插穗不易成活,应该淘汰。

由于丽格海棠为肉质茎,易脆易断,用人工浇水时很容易弄断枝条,并且保留在叶片上的水滴易使叶片生病,影响插穗质量,因此可采用自动滴灌系统。待基质含水率低于 70%时开始滴灌,直至基质含水率达到饱和时停止。适宜母株生长的温室湿度范围应设定在 65%~75%。

为避免徒长,温室内应采用日温低于夜温的温度管理方式。白天温度控制在 19~20 ℃,夜间温度控制在 21~22 ℃。同时每 2 周用 15%矮壮素可湿性粉剂 1 000 倍液喷施顶部叶片一次,可有效避免徒长。

(二)扦插

1.扦插环境

丽格海棠扦插可在温湿度可智能操控的连栋智能温室内进行。温室内地面需经过水泥硬化,不漏泥土。温室内应配备育苗床、排水槽、循环风扇、湿帘风机、保温层、保湿层等设施设备。温室外顶部要有遮阳网。

丽格海棠是短日照植物。光照时间长短直接影响植株的发育方向。育苗期间,增加光照时间可防止植物提前开花。因此,补光灯必不可少。补光灯应位于苗床上方,补光灯间隔 1 米。

2.插穗选择

丽格海棠插穗的标准是"一叶一心",即一枚完全展开的叶片,叶片直径 6~9 厘米,叶柄长 3~4 厘米;一个芯芽,芯芽的幼叶微微张开。采穗时,应避免采到"V"字形插穗,即两个叶柄都超过 5 厘米,叶柄间形成"V"字形夹角,这样的插穗扦插成活后,分枝少,花形差,成品花质量较低。

剪取插穗用的刀片用 75%的酒精浸泡 30 分钟以上再使用。

采集插穗时，在芯芽基部下 1 厘米地方横切取穗。插穗长度超过 1 厘米，不易产生愈伤组织，育苗期根部容易腐烂；长度小于 1 厘米，切割时容易伤及芯芽，幼苗不易成活。

采下的插穗迅速放入塑料袋中，喷洒清水保湿，然后立即扦插。不能立即扦插的插穗，可放入 9~13 ℃的冷库内保存，最长保存期为 2 周。

3.扦插方法

扦插基质要求保水性、通气性良好，可采用泥炭细纤维+珍珠岩+椰糠的混合物，比例为 6:1:3。基质拌入 1 千克/米³的 50%多菌灵可溶性粉剂 1 000 倍液。pH 调整为 5.5~6.2，基质含水量为 50%~60%即可，搅拌均匀。装入长×宽为 8 厘米×8 厘米的营养钵中备用。育苗床用二氧化氯消毒剂等广谱杀菌剂进行消毒，铺设无纺布，依次摆放营养钵，营养钵不宜太密，密度不超过 200 盆/米²，浇一次透水。

扦插时，用手捏住插穗底部，快速插入基质中。插入的深度为 1 厘米左右。保持叶面朝向一致，可避免植株间互相遮挡光线。

新扦插的幼苗根部与基质接触不牢固，不能浇水。可使用雾化喷头对幼苗进行喷洒，保持叶面湿度。

(三)苗期管理

从扦插到成品苗出货，需 4~5 周时间。前 2 周为育苗期第一阶段，第 3~4 周为第二阶段。

1.第一阶段

在第一个生长阶段内，丽格海棠扦插苗根部将产生愈伤组织，生出新根，此阶段需保持温暖、高湿、低光照环境。

应把温室的温度控制在 24~26 ℃，湿度需在 90%以上。每日喷水 6 次以上。如湿度还不能达到 90%，需打开保湿层来增加湿度。光照强度在 8 000~10 000 勒克斯。白天太阳光强度过大时，需打开外遮阳网，避免阳光直接照射在扦插苗上。光照时间控制在 18 小时/天，光照不足时，在早晨和傍晚开启补光灯进行补光，补光强度为 300 勒克斯。

2.第二阶段

丽格海棠扦插苗的第二个生长阶段，是幼苗长出新叶、根部生长加速

的时期。该阶段,光照时间仍需控制在 18 小时/天以上,光照强度 10 000 勒克斯,温度设定在 20~22 ℃,湿度降至 70%~80%。使用 1 000 目以上的喷头浇灌,可防止冲坏幼苗。浇灌时,降低水压,同时稍作停留,待基质充分浇透。每日浇灌 2~4 次。

商品苗从扦插开始计算,进入第 5 周就可以成为商品苗。合格的商品苗应叶柄直立,叶片完整不残缺,成熟叶片在 3 片以上,同时具有一片芯叶。根系长满四周,根须颜色均匀。高度不超过 12 厘米,没有徒长叶。采用本标准化育苗技术,每棵母株的采穗期在半年以上,每五周可产出一批标准的扦插苗,有效地提高了丽格海棠扦插苗的产品质量和经济效益。

十二 满天星

满天星(图 7-18),原名重瓣丝石竹,原产地中海沿岸。满天星叶片披针形或线状披针形,圆锥状聚伞花序多分枝,疏散,花小而多。满天星的生命力特强,生根快,适宜于花坛、路边和花篱栽植,也非常适合盆栽观赏和盆景制作,是人们喜爱的花卉之一。满天星商品化切花生产,种苗繁殖以组培为主,也可以扦插,一些单瓣种可用种子繁殖。我国南方大多在秋天种植,种植密度约 2 000 株/亩。满天星性喜凉爽,适宜在阳光充足、空气流通的条件下生长。满天星生长适温为 15~25 ℃,土壤要求疏松,富含有机质,含水量适中,pH 为 7 左右。

图7-18　满天星

(一)扦插繁殖

在春季将植株新枝剪下 10 厘米左右,3~4 根为一丛,将插穗下部放在吲哚丁酸水中蘸一下,或者在切口处涂抹一些草木灰,扦插在沙床或消毒过的泥炭土、草木灰、珍珠岩混合的基质里,扦插深度在 1/3 或 2/3,并用周围的土进行覆盖,遮光,喷水保湿,控制温度在 20 ℃左右,20~30 天生根,再培育 20 多天时间移栽到土壤,培育成大苗出售。

在梅雨季节,可采用嫩枝扦插,选取当年带 4~5 对叶片顶端嫩枝,用生根粉或其他生长素处理,扦插于以珍珠岩做基质的插床上。扦插时间不受季节限制,但以 3 月中下旬至 7 月上旬和 9 月下旬至 11 月上旬为最佳时期。温度在 15 ℃以上时,一般 20 天即可发根。

(二)组培

采用茎尖培养,繁殖系数高,根系生长状况好,苗质量好。用组培苗生产切花,花枝挺拔,色泽纯正,切花质量高。

1.接种培养

取重瓣丝石竹下部健壮侧芽,剥去多余叶片,留顶部 2~3 对幼叶,进行常规的表面消毒。然后将剪切好的侧枝,在无菌条件下,剥取直径为 1~1.5 毫米的茎尖,接种在发生培养基(MS+BA 0.5 毫克/升+IAA 0.2~1.0 毫克/升或 MS+6 苄基腺嘌呤 2.0 毫克/升+萘乙酸 0.5 毫克/升)中,经 20~30 天,茎尖长为 1 厘米高的芽苗。将芽苗转接至繁殖培养基(MS+BA 0.5~1.0 毫克/升或 MS+6 苄基腺嘌呤 0.5 毫克/升)内,芽生长迅速,8~10 天出现分枝,15~20 天分枝可长到 1 厘米以上,即可分割转接。一般每个分枝增殖 1 次可获 4~7 个新分枝。将丛生苗头分割成单株苗,转接进生根培养基(1/2MS+NAA 0.03~0.1 毫克/升或 1/2 MS+萘乙酸 0.5 毫克/升+吲哚丁酸 2.0 毫克/升)中,20~25 天即可长根,成为完整的植株。整个培养过程中,温度为 26~28℃,光照强度 3 000 勒克斯,光照时间 12 小时/天。

2.炼苗和室外培育

当试管苗高 4~6 厘米、有 10 片左右叶子、根系发达时,就可以把试管苗连同试管一块移入温室大棚中。大棚中的湿度最好在 80%以上;温度 24 ℃左右,试管苗移入大棚几天后,可移栽到苗床。用小镊子轻轻取出试

管苗,把根系放入常温下 100 倍多菌灵水溶液中轻轻涮洗,随后把涮洗干净的试管苗移入蛭石或蛭石+珍珠岩(1:1)或蛭石+草炭土(3:1)的介质内保温,并于 20~25 ℃下培养,晴天中午时稍加遮阴,一般 10 天左右即可成活。成活后即可除去保湿和遮阳覆盖物。再经 10 天左右,把育苗盘转移至光照充足、通风良好的地方,每天用 1/4 单位浓度的全营养培养液喷施,30~35 天则可长成商品苗。只要温度适宜,组培苗成活率在 90%以上。在下地栽培之前,此苗最好用营养钵再假植 1 个月左右,带土移栽,成活率可达 100%。